大数据概论

——智能时代的思维方式

魏 星 曹 健 祝晓斌 ◎ 编著

清華大学出版社
北 京

内 容 简 介

大数据是从哪里来的？大数据有什么特点？大数据带来了什么利弊？人们如何在大数据时代活得更好？带着这些疑问，本书将从大数据的意义、大数据的来源、大数据的思维、大数据的应用、大数据的挑战5方面来和读者一起深入探讨。通过5章的内容，读者能够系统地了解大数据技术产生的背景、发展的历史、涉及的领域以及取得的辉煌成就。

本书可以作为信息科学、数据科学、计算机类专业的入门教材，也可以用作相关专业的技术人员或科普爱好者的参考用书。

图书在版编目 (CIP) 数据

大数据概论：智能时代的思维方式 / 魏星，曹健，祝晓斌编著．—北京：清华大学出版社，2024.3
ISBN 978-7-302-65798-9

Ⅰ．①大…　Ⅱ．①魏…②曹…③祝…　Ⅲ．①数据处理　Ⅳ．① TP274

中国国家版本馆 CIP 数据核字 (2024) 第 055812 号

责任编辑： 苏东方　袁勤勇
封面设计： 刘艳芝
责任校对： 刘惠林
责任印制： 沈　露

出版发行： 清华大学出版社
网　　址： https://www.tup.com.cn，https://www.wqxuetang.com
地　　址： 北京清华大学学研大厦 A 座　　**邮　　编：** 100084
社 总 机： 010-83470000　　**邮　　购：** 010-62786544
投稿与读者服务： 010-62776969，c-service@tup.tsinghua.edu.cn
质 量 反 馈： 010-62772015，zhiliang@tup.tsinghua.edu.cn
课 件 下 载： https://www.tup.com.cn，010-83470236
印 装 者： 三河市铭诚印务有限公司
经　　销： 全国新华书店
开　　本： 185mm×230mm　　**印　　张：** 12　　**字　　数：** 195 千字
版　　次： 2024 年 5 月第 1 版　　**印　　次：** 2024 年 5 月第 1 次印刷
定　　价： 49.90 元

产品编号：103155-01

/前　言/

PREFACE

如果你感到自己正处在黑暗之中，你要做的不是犹豫，而是开灯。

——万维钢（科学作家，物理学家）

在当今时代，自动化的机器、个性化的服务、人性化的商品无处不在，这一切都是因为采用了人工智能的算法，并构筑在大数据之上。一旦我们停止供应数据，智能世界也将停止运行。**所谓的智能，事实上就是主动地获取万事万物的数据，然后为人类提供一些程序化、自动化、个性化的服务**。从本质上看，这些服务都是对数据的收集、处理和反馈。

数据如此重要，但是我们大多数人却没有投入精力认真地学习它。为什么呢？一种情况是，大多数人听说了数据很重要，但不知道它为什么重要，重要到什么程度；另一种情况是，大多数人在学习或工作中掌握了一些处理数据的技术，但依然没有数据思维，更谈不上主动利用数据进行决策。高水平的数据思维应该是什么样子的？涂子沛先生在《数商》一书中给出了一个经典的案例，下面我们简要地了解一下。

2011 年 10 月，美国佛罗里达州发生了一起恶性交通事故——一名退休警察开快车，肇事致人重伤。当地《太阳哨兵报》的女记者萨莉·克斯汀注意到了此事件，并翻阅了历年的新闻报道，发现类似事故发生过好多次。于是她意识到，警察超速行驶这件事，很可能是一个非常值得关注的社会问题。

那怎么证实警察经常违规开快车呢？采访？显然不可能。就算有警察愿意告诉你一些情况，那也只是个例，不是事情的全貌。抓现行？也不可能。克斯汀尝试过抱着测速雷达

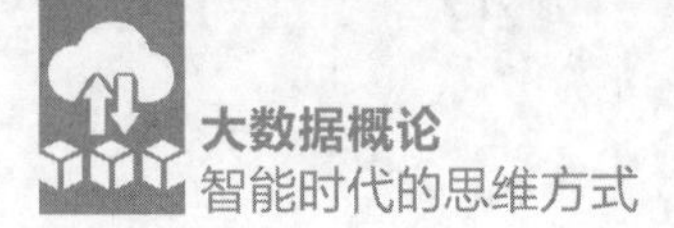

在高速公路旁边蹲守，一发现有车辆超速，立刻驱车追赶。但很快发现这根本行不通：超速的不一定是警车，追了半天，发现不是警车就白费功夫了；就算运气好，碰上了警车，你也无权截停，仅仅有影像，证据并不充分，无法指证。

克斯汀最后想到了解决办法——申请数据公开。因为警车是公务用车，根据美国的《信息自由法》，公民有权了解其使用状态。因此，她获得了110万条当地警车通过不同高速公路收费站的原始记录。警车通过收费站都有时间记录，这段路程的行驶时间就知道了。而收费站之间的距离是已知的，两个数据一除，平均速度就出来了。

克斯汀和她的团队用了3个月的时间对这些数据进行了整合分析。结果发现，在13个月里，当地3900辆警车一共有5100宗超速事件，也就是说，警车超速天天发生。而且时间记录表明，绝大部分超速都发生在上下班时间和上下班途中，这说明警察超速并不是为了执行公务。

2012年2月，克斯汀发表了系列报道，头篇报道的标题就是《他们凌驾法律之上》。在大量数据和调查访谈的基础上，克斯汀得出结论：因为工作需要和警察的特权意识，开快车成了警察群体的习惯性行为，即使下班后，身着便服，其开车速度也没能降下来，而路上执勤的警察也相互理解和纵容这种行为！

报道一出，舆论一片哗然，在当地警务部门引发了一场“大地震”。5100宗超速事件涉及12个部门的近800名警察，一些坐实违纪的警察陆续受到处理：48名州高速公路巡警被处以警告或者被勒令纪律反省；44名地方刑警被剥夺开车上下班的权利；迈阿密市有38名警察被处理，其中1名被开除，10名被停发工资。

《太阳哨兵报》只是一份地方小报，总发行量才20余万份，但因为克斯汀的报道而名声大振。克斯汀也因为这个系列报道，获得了2013年度的普利策新闻奖。这是美国新闻传播界最重要的奖项。

从这个真实的故事里，我们可以体会到：**数据思维不同于数据技能，它是一种方法论，着重于培养人们利用数据提出问题和求解问题的意识**。从专业角度看，女记者克斯汀的数据技能是不够的，她不会编程，不会设计数据库，也不会使用数据挖掘工具（110万条数据的规模不算大，一个数据分析师可以轻松处理这类简单任务，克斯汀却还需要组建一个团队）。不过，克斯汀提出了要解决的问题，并知道怎么利用数据产生她需要的结果，而这些结果又能完美地印证她要讲述的新闻故事——这就是数据思维。

相对于数据思维来说，**大数据思维还要进一步升级，要更多地了解信息技术的基础理论和前沿知识**。再举一个例子，假设我们在楼上办公，需要实时了解楼下房间内的咖啡是否煮好了，你会怎么解决这个问题？是每隔一会儿亲自跑下去检查，还是雇人看护汇报？其实，你可以在咖啡壶旁安装一个联网的摄像头，这样就能坐在办公室里用手机或计算机随时查看咖啡壶的状态了。早在 1991 年，剑桥大学特洛伊计算机实验室的科学家们就是这么做的，而且这套“特洛伊咖啡壶”系统在升级更新后，通过实验室网站连接到了互联网上。没想到的是，仅仅为了窥探“咖啡煮好了没有”，全世界互联网用户蜂拥而至，近 240 万人点击过这个名噪一时的“咖啡壶”网站。据说，这就是物联网的起源。

为什么很多人想不到用联网摄像头来收集数据呢？因为在他们头脑中，收集数据的方法只局限于人工观测，想不到其他的方案。就像现在很多人还把市场调研局限于在超市或商厦中请求顾客填表，而不知道通过网络爬虫获取海量的间接数据。正如著名计算机科学家、图灵奖得主迪杰斯特拉所说：“**我们所使用的工具影响着我们的思维方式和思维习惯，从而也将深刻地影响着我们的思维能力**。”

2020 年初，全球各地陆续暴发新型冠状病毒感染。仅仅一开始的 1 年半，新型冠状病毒感染确诊人数（累计确诊）就超过 2.5 亿，死亡人数超过 500 万，这场突如其来的灾难成了 21 世纪以来人类面临的最大挑战。自古以来，对抗此类疫情的第一步也是关键一步就是要“群防群控”，核心是四个“早”——早防护、早发现、早诊断、早隔离。而如何做到四个“早”呢？目前看来，最有用、最高效的工具就是大数据。

由于新冠病毒的传染性极强，一旦某人被确诊，我们就要知道他去过哪里，和哪些人接触过。只有把所有潜在的病毒传染源全部找到并及时隔离，才能把损失减小到最低程度。以前我们只能依靠确诊患者的回忆，但患者如果正在被病魔折磨，不可能记清楚所有的细节，难免出现错漏。这时候，大数据就可以发挥作用了。

公共卫生防疫部门可以通过电信运营商和互联网公司获取这个人近期的行踪轨迹，包括：他每天去过哪里，用过何种交通工具，在每个地方停留过多久，和哪些人的行踪有交

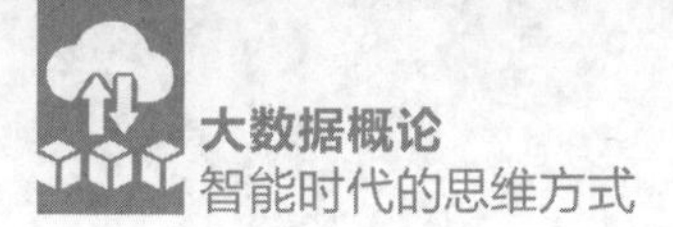

集。相关机构也很快开发出了“健康宝”等手机App，每天进入商场、小区、办公楼时都让你“扫码”登记个人信息。如此一来，每个人的数据都在云端进行“碰撞”，一旦发现和患者有接触，系统就会发出警报提示其需要重点关注或隔离。疫情初期，我国的数字地图公司还绘制出了人口迁徙大数据地图，可以回溯2020年春节前后武汉近500万人的流动情况，这对疫情的防控也起到了很大的作用。

除此之外，对于病毒传播的方式和危害程度的认知，需要利用大数据进行举证和辟谣；对于疫情产生的社会影响和经济问题，也需要大数据的反馈和预测；甚至分析病毒基因、研制有效疫苗，也需要大数据技术的帮助。

这几年，市面上已经有了很多关于大数据的书籍，但绝大多数都是聚焦于搭建平台、编写代码等方面的，不仅非专业人士很难读懂，就算是信息技术领域的学生也得费一番苦功夫。其实，多数人学习大数据并不是为了开发专业的工具或者进行具体的技术研究，而是**基于两个动机：一是为了在数据无处不在的世界中生存得更好，二是在这样的世界里工作得更得力**。

本书更着重于和读者一起探讨：大数据对人类文明有什么意义？大数据都是从哪里来的？大数据具备哪些特点？大数据带来了什么利弊？我们应该如何应用大数据技术？**多年来的教学实践表明，兴趣是第一位的，思维方式的转变是最为关键的**。这并不是说具体的理论与技术不重要，而是当读者有了兴趣、转变了思维方式之后，自然会去学习和钻研。

本书第1章由曹健老师编写，第2～4章由魏星老师编写，第5章由祝晓斌老师编写，全书由魏星老师统稿。

非常感谢北京科技大学计算机与通信工程学院、北京工商大学计算机学院的鼎力支持，使我们能在繁忙的教学与科研工作之余完成本书。

编者

2023年12月

于北京

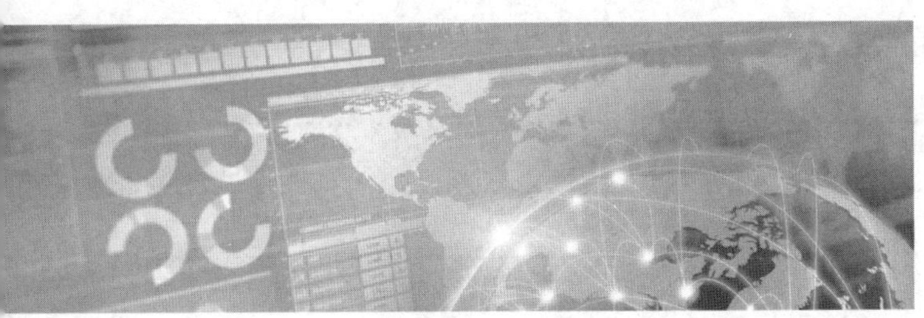

/目　录/

CONTENTS

第 1 章
意义：人类文明的基石

没有调查，没有发言权。

——毛泽东（伟大的无产阶级革命家）

除了上帝，任何人都必须用数据来说话。

——爱德华兹·戴明（美国著名质量管理专家）

在当今社会，“数据”会伴随一个人的一生。设想一下：从你呱呱坠地的那一刻，就有一堆数据被记录下来——妊娠周数、出生时刻、体重、身长、体温，等等；在你成长的过程中，还是被大量数据所环绕——年龄、住址、学习成绩、工作经历、婚姻状况，等等；就算你离开人世之后，还是摆脱不了数据的纠缠——死亡时间、死亡原因、生前工作单位、生前声誉、生前贡献……如果没有这些数据，你都无法客观地认识自己和评价别人。

站在更高的层次上看，人类文明的产生与进步也是通过对数据进行收集、整理和提炼而达成的。在史前时代，人类的祖先在没有发明记事的媒体工具时，已经开始使用数据了——从父辈和周围人的口耳相传中，知道了哪些环境可以居住、哪些动植物可以食用、哪些情况暗藏危险；有了文字之后，人类通过记录下来的历史数据来获取更多的经验教训——“秀才不出门，全知天下事”“以史为鉴，可以知兴替”；到了近代自然科学萌芽之后，数据的重要性逐渐提升到了一个前所未有的高度：不论是在哪个领域，科学家们很重要的一项工作就是做实验采集数据，因为科学发明需要通过这些数据来推导或证实。

那么，什么是数据呢？如图 1.1 所示，传统意义上的“数据”，是指“有根据的数字”，例如，人们常说的实验数据、统计数据，就是以数字的形式表现出来的，这些其实只是狭义上的数据。

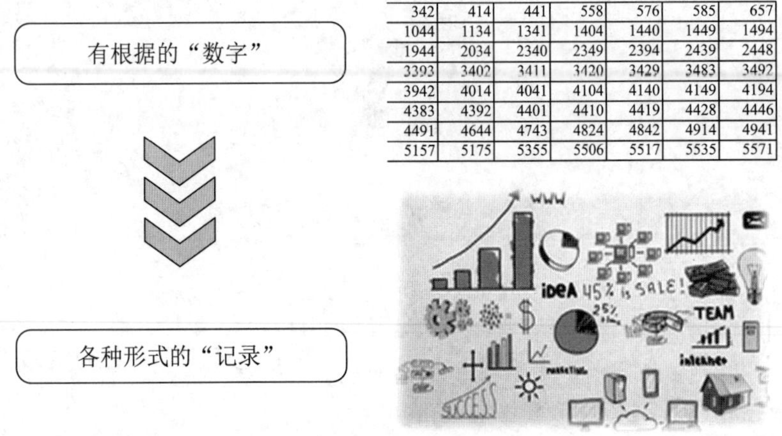

342	414	441	558	576	585	657
1044	1134	1341	1404	1440	1449	1494
1944	2034	2340	2349	2394	2439	2448
3393	3402	3411	3420	3429	3483	3492
3942	4014	4041	4104	4140	4149	4194
4383	4392	4401	4410	4419	4428	4446
4491	4644	4743	4824	4842	4914	4941
5157	5175	5355	5506	5517	5535	5571

图 1.1　数据定义的变化

随着技术的进步，“数据”的范围得以扩大，可以代指许多“结构化的信息和情报”，比如，人们经常提到的一个词——“数据库”，其实就是指符合一定格式的信息的汇总。数据库里的数据，可以是某个机构所有成员的基本情况，包括姓名、年龄、通信方式、学历以及履历等（文字信息），这些已经超出数字的范畴。

进入信息时代之后，“数据”的含义更加宽泛，包括任意形式的信息，比如互联网上的全部内容，档案资料、设计图纸、病例、影像资料，等等。可以说数字、文本、音频、视频、图形各种形式的“记录”组成了广义的“数据”。

1.1 如何做出决策

如图 1.2 所示，人们在生活中经常痛苦于“彷徨”和“纠结”，这两者的区别在于：彷徨是因为无路可走，纠结是因为有太多路可走……后者的痛苦更需警惕，因为“选择的河流越宽，淹死的人就越多”。人们的时间和精力都是有限的，面对各种可能，总是需要做出取舍，进行抉择。

图 1.2　纠结的痛苦

那做决策的依据应该是什么呢？有时候是依靠本能（直觉），例如，微生物来到酸碱度不适合的环境中就会逃走，人类感到了灼烧的疼痛就会退缩和躲避；有时候是依靠随机，例如一个人喜欢吃馒头、包子、面条、米饭，到了食堂随便买哪一样都行；但面对复杂问题时，直觉会失灵，而随机的后果难以承受——一旦选错了方向走错了路，失败就不可避免。有句话说得好，“朝相反的方向奔跑，停下来就是前进”。

1.1.1　祈求神灵的启示

清朝末年，有一位金石学家名叫王懿荣，他生病后去药房拿药。出于某种敏感的职业直觉，他发现自己服用的一味中药——“龙骨”，上面有一些很像文字的东西，如图 1.3 所示。经过仔细观察，王懿荣先生认为这些符号很可能是上古时期遗留下来的文字，极具考古价值，于是开始收集这种曾经被当作药材的“龙骨”，再加以研究，终于确认了它的来历。

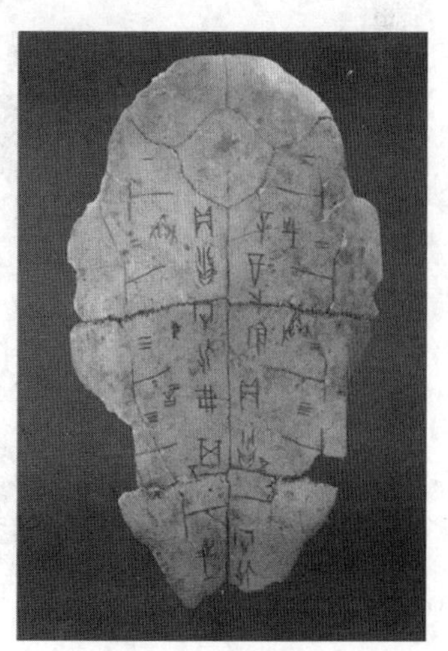

图 1.3　甲骨文示例

原来，所谓的龙骨是3000多年前的商朝人用来占卜的工具。他们把想要卜算的事情写到乌龟的甲壳或者其他动物的骨头上面，然后再把这些甲或骨放在火上面烧，骨头受热以后，正面就会随着“卜”的一声出现裂纹。在古代人看来，这些奥妙无穷的裂纹代表的就是上天赐下的旨意。最初，“卜”这个字的本意就是用火来烧（也有用尖锐物品钻）龟壳，让它产生裂纹，从而解读吉凶祸福。

在先民缺乏历史经验和科学知识的情况下，“遇事则卜”不失为一种非常实用的决策方式，毕竟面对多条路，无论走哪一条也比犹豫不前要好得多。况且这种方式还能够凝聚人心，具有极强的说服力——神灵给予的启示，还不赶快遵从！对于后人来说，这也留下了一笔宝贵的文化遗产，如果没有这种占卜活动，可能就没有人们今天称作“甲骨文”的商朝文字。所以，王懿荣发现了龙骨的秘密之后，众多文化学者立刻投入对这种文字的研究，现在已经大体上完成了对它的解读。

《礼记·曲礼》中说“龟为卜，策为筮”，这里的“龟”是龟甲，而“策”就是蓍草（如图1.4所示）。可见，在西周时期，用龟甲算命叫“卜”，用蓍草算命叫“筮”。按照《史记》的说法，当时的人们可以用卜筮来解决生活中的一切难题，包括卜财、卜居、卜岁、卜天、卜徙等。不管人们有什么疑问、有什么心愿，首先想到的就是通过卜筮来求得神灵的启示。就像现在的青少年，不管有什么想要的东西，都会试着在微博上转发锦鲤的图片。

（a）鲜活的蓍草

（b）干枯的蓍草

图1.4　鲜活的蓍草与干枯的蓍草

根据民俗学家的研究，早期人们仅仅是点燃晒干枯的蓍草来烧灼龟甲，也就是说蓍草是占卜活动中的一个配角。但是随着时间的推移，出现了占卜的需求越来越多和乌龟数量不太够用的矛盾。当“一次性用品”龟甲极度稀缺时，蓍草就逐渐成为人们的首选。

虽然龟甲和蓍草都是古人心目中和鬼神沟通的神器，但在商周时期有一种说法认为“小事则筮，大事则卜”，即龟甲的神性比蓍草还要更强一些。在春秋时期，晋国的国君晋献公想要娶一名叫骊姬的美女，先用龟甲占卜，结果是不吉利；再用蓍草做卜筮，结果却是大吉大利，于是晋献公就相信了蓍草。这时，为晋献公做占卜的官员悠悠叹道：“筮短龟长，不如从长。”翻译成大白话就是：“蓍草这种新生事物，怎么能比得上我们沿用了好几百年的龟甲占卜传统文化呢！”

虽然晋献公在是否迎娶骊姬的问题上选择相信了蓍草，但并不因为他与时俱进、求新求变，也不代表他是一个狂热的“蓍草粉丝”。在后来不久，面对是否答应秦国提亲的问题上，这位国君就选择了相信龟甲占卜的结果——因为龟甲这次的结果更符合他的心意。也就是说，在他心中早已有了决断。不管是蓍草，还是龟甲，都只是用来支持自己决策的一个道具而已。

大约从战国末期开始，蓍草在日常生活中的使用频率就一路下滑。如图 1.5 所示，人们越来越不耐烦用复杂烦琐的方式来卜筮，而是倾向于使用简便的做法，如扔铜钱、掷杯筊、摇竹签，简单到了极致就是偏远农村的方法——“扔鞋”。近些年来，随着中西方文化交流的不断加强，有些人抱着“外来的和尚会念经”的观念，相信用塔罗牌占卜更加有效。

（a）扔铜钱

（b）掷杯筊

（c）摇竹签

图 1.5　各种简便的卜筮方式

那么问题就来了，就这样烧灼龟甲、摆弄草棍、抛掷铜钱，真的能够获得神灵的启示吗？真的可以洞察先机、做出正确决策吗？站在唯物主义的角度，现在的人们当然是不相信的，其实古人也未必多么相信。唐代大诗人白居易写过一组政治抒情诗《放言五首》，其中第三首的内容如下。

赠君一法决狐疑，不用钻龟与祝蓍。
试玉要烧三日满，辨材须待七年期。
周公恐惧流言日，王莽谦恭未篡时。
向使当初身便死，一生真伪复谁知？

为了便于大家的理解，在这里简单翻译了一下（最后又多加两句扩展）。

我要送给你一种解决疑问的好方法，
既不用钻裂龟甲，也不用摆弄蓍草。
判断玉的真假，要耐心地烧满三天，
辨别木材好坏，还须等到七年之后。
周公辅佐成王初期，到处流言蜚语，
王莽篡夺皇位之前，天天毕恭毕敬。
假如这两人在未成事之前就死掉了，
他们本性的好坏，又有谁能知道呢？
奉劝大家不要被眼前的表象所迷惑，
尽可能多地收集数据才能做好决策！

1.1.2 战争背后的规律

《左传·成公十三年》里有一句话“国之大事，在祀与戎”，其中的“祀”指的是祭祀，“戎”指的就是军事或者战争。祭祀为的是凝聚大家的信心、团结大家的力量，而军事则是要捍卫领土和权力、保卫大家的劳动成果。中国自古以来就有“富国强兵”的理念——不解决挨打的问题，一切幸福指数都是空谈，所以各种战争案例和军事著作多得数不胜数。其中，春秋时期孙武所著的《孙子兵法》[1] 不仅是世界上最早的军事著作，而且体系比较完备，对后世的影响非常之大。

《孙子兵法》的第一篇中就提到了以数据作为决策依据的思想：

“夫未战而庙算胜者，得算多也；未战而庙算不胜者，得算少也。多算胜少算，而况于无算乎！吾以此观之，胜负见矣。”

这段话大致的意思是：

在战争未发动之前，先进行数据分析和计算，就可以预判最终的结果了。如果充分估算好敌我态势、采用了合适策略，开战之后往往会取得胜利；如果很少了解双方的有利条件和不利条件，开战之后就会遭遇失败。多做分析计算就能取胜，少做分析计算就会失败，更何况根本不做计算呢！

而且，孙武还在书中对使用数据的具体方法做了论述：“一曰度，二曰量，三曰数，四曰称，五曰胜。”其中，“度”是指国土的大小，“量”是指粮草资源的多少，“数”是指军队的数量，“称”是指双方实力的对比。孙武的意思是，战争的胜负可以通过这四个因素进行估计，而这四个因素本质上都是数据。作战双方都不断刺探对方的实力，试图获得准确的数据，同时也不断释放数据“烟雾”，以迷惑对方，掩盖自己的实力。

通过释放数据“烟雾”，以计诈敌，这样著名的战例在中国古代有不少。战国时期，魏将庞涓率领 10 万大军进攻韩国，韩国不敌，向齐国求救。驰援韩国的齐军采用了军师孙膑的“减灶计”：开始的时候设 10 万个灶，其后设 5 万个灶，最后减到了 3 万个灶。庞涓见到齐军所留的灶迹不断减少，就判定齐军出现了大量掉队、减员的现象，因此撇下步兵率领骑兵分队加速追击，结果在马陵中了孙膑的埋伏，兵败身亡。

东汉时期，西北边陲的羌族入侵武都郡，名将虞诩率兵前往救援。因为一开始兵力不足，虞诩需要避免正面决战，等待援军集结，就在行军途中使用“增灶计”：让官兵每人各做两个锅灶，以后每日增加一倍。羌兵见此，认为郡兵已来接应，不敢纠缠，因此争取到了行军时间。到达郡府后，虞诩集合全部军队，命令他们次日先从东门出城，再从北门入

① 《孙子兵法》，共十三篇，总结了春秋以前战争胜负的许多经验，被誉为“兵学圣典”，也是世界三大兵书之一（另外两部是克劳塞维茨的《战争论》和宫本武藏的《五轮书》）。

城，然后改换服装，往返多次。羌人不知城中有多少汉军，惊恐不安，最终被虞诩击败。

在中外战争史上，大规模、系统化运用数据的经典战役莫过于威廉·特库赛·谢尔曼将军在美国南北战争期间领导的“向大海进军”（March to the Sea）。1864 年 8 月，谢尔曼率 6 万大军挺进南方的中心城市亚特兰大之后，采取了后世史学家认为整个南北战争中“最为大胆、最为关键的一次行动”：挥师东进、横穿佐治亚州，一路打到美国东海岸线。

兵马未动，粮草先行。在还没有飞机的时代，军队的行进路线安排必须充分考虑后勤补给。北宋年间的中国科学家沈括分析过，对一支 10 万人的军队而言，随军辎重就要占去 1/3 的兵力，最后真正能上阵打仗的士兵其实不足 7 万，如果一个士兵需要 3 个民夫供应，那就要征召 30 万民夫和额外的管理人员，但就是这样庞大的后勤规模，也只能支持行军 31 天[①]。沈括因此得出结论：凡行军作战，应该争取从当地获取粮草和补给，这是最为紧迫的事情，否则不仅耗费大，而且走不远、跑不快，作战能力极为有限！但是如何在当地获取补给，沈括却只字未提。

谢尔曼一方面从国家的人口普查部门获得了南方的人口、资源等方面的宏观数据，另一方面在亚特兰大搜寻了一切关于佐治亚州的地图、财税明细和各种统计表格。然后，他计划主动切断后方补给，以统计数据为“航标”，根据农场、牲畜、集市、车站等重要资源的分布，通过后勤参谋的精心计算，确定最佳的行军路线和在各地停留的时间。五路大军沿着规划好的路线向东部沿海重镇萨凡纳突进，部队不仅在当地完成了补给，摧毁了敌方重要的基础设施，而且遭遇了最少的正面阻击。攻占萨凡纳之后，谢尔曼向联邦军总司令格兰特报告说，部队沿途消耗骡子 15 000 头、牛 10 000 余头，各种粮食都来自当地，和战争开始前的预测相差无几。经此一战，南方的战略资源被掠夺和破坏殆尽，几个月后南北战争结束。

谢尔曼在战后给美国普查办公室主任约瑟夫·肯尼迪发去了感谢信：“此战证明，您

① 每个民夫可以背 6 斗米，一个士兵可以自带 5 天的干粮。1 个民夫供应 1 个士兵，两人同吃同行，可以维持 18 天，如果计回程的话，只能进军 9 天；2 个民夫供应 1 个士兵的话，单程可以维持 26 天，若计回程，只能进军 13 天；3 个民夫供应 1 个士兵，且每吃完 1 袋粮食就遣返 1 名民夫，单程最多进军 31 天，若计回程，只能进军 16 天。

给我提供的各种统计表格和数据价值巨大，没有它们，我不可能完成任务……”在回忆录中，他总结说：“历史上没有任何一次行军远征，曾经建立在像这次一样完善和肯定的数据之上。”

在南北战争正式爆发的前一年，也就是1860年，是美国的大选年。这一年，一位伟大的美国平民——亚伯拉罕·林肯，经历种种逆袭，最终入主白宫，登上了美国政治的中心舞台。而这一年也是美国第八次人口普查年，所以林肯总统可以直接从普查办公室主任肯尼迪那里获取到大量的相关数据，来预测这次内战的最终胜负。

围绕着《孙子兵法》所论述的“度、量、数、称、胜”五个角度，我们看一看当时美国南北方的潜在军事力量对比：国土面积上，美国当时有三十三个州，其中二十二个站在联邦一方（北方）；粮草资源上，虽然南方最大的优势就是其棉花出口占据全国出口额的60%，堪称国民经济的命脉，但是棉花毕竟不是粮食，北方的农业生产足以保证战时粮草的供应；军队数量上，全国18～45岁的青壮年劳力约有69%集中在自由州，即使中间的摇摆州全部倒戈，南方的力量也不过31%；经济实力上，联邦更是占有绝对优势，北方集中了全国三分之二的铁路和百分之九十的工业产量。这些数据起到了“定心丸”的作用，林肯深信，如果打持久战，胜利最终将属于北方。

可以看出，无论是林肯的信心还是谢尔曼的传奇，都源于他们手头的数据是大量的、系统的、成片的，背后有专业人员给予支持和维护的。这种“有数可用”，得益于美国建国之后就开始的、长期的、周期性的努力和强大的制度保障。这种制度化的数据收集体系，才是近代战争中美国和其他国家在数据使用方面拉开差距的根本原因。

1.1.3 数据治国的理念

美国是个年轻的国家，其开国至今不过200多年，但数据在其政治活动和社会生活中的历史，却几乎和其建国史相生相伴。美国的建国者一开始就把人口普查写进了宪法。他们认为，国家权力应该在人口之间平均分配，而这个政策的落实，必须用数据来说话。

当时的政论家、教育家诺亚·韦伯斯特继而指出，在所有的事实当中，用数据描述的事实是最准确、最锐利、最有说服力的。因此，描述一件事实，增强客观性、减少主观性的最好方法，就是尽可能地使用数据。

美国人对数据依赖到何种地步，从1787年在费城召开的制宪会议中的一个片段——讨论“一个黑奴应该拥有多少权利和义务”——就可以看出来：

既然人口的多少在一定程度上决定了权力的大小，那南方拥有庞大的黑奴群体，是否也应该计入总数？一开始，大家都认为，奴隶本来就不拥有政治权力，因此不应该计入总数，但在后续的讨论中，人口的多少不仅成为分权的依据，还和纳税的义务挂上了钩，即人口多的州，国会占的席位多，也要缴纳更多的税收。南方则主张，黑奴既然不享受政治权利，也不应该承担义务，但北方又认为这样南方占了便宜。争论又起，最后的结论是，每个黑奴按3/5个白人（自由人）的标准纳入南方人口的总数，这个总数才是南方权力分配和纳税的依据。

每个黑奴等同于“3/5”个白人，这一规则被写进了宪法，成为种族不平等的历史明证。宪法颁布之后，曾引起很多追问，例如，为什么是“3/5”，而不是“1/2”或者“2/3”？当时主导辩论的亚历山大·汉密尔顿也说不清楚。他后来坦承：这是一个瑕疵，但当时必须找出一个数字，这个数字可能不完美，但比没有强。这就是美国人对数据的执着，哪怕是歧视，也要用数据来衡量。

人口普查的作用从政治领域不断扩张，首先蔓延到了政策制定领域，然后是社会生活领域。人口普查也转化为向社会寻找“真正事实”的统计活动，通过收集充足的数据，国家可以掌握整个社会“出生率、性别、年龄、婚姻状况、健康、职业、寿命”等方方面面的情况。这就逐渐形成了一种数据文化：一方面提高识字率，减少文盲；另一方面要推广数学教育，减少“数盲”，以提高公民的思辨能力，使其学会独立思考。

美国的国父们都推崇数据文化，乔治·华盛顿、托马斯·杰斐逊和本杰明·富兰克林就是其中的突出代表[①]。1788年，华盛顿曾经这样描述数学教育：“从某种程度上说，文明生活的方方面面都不可缺少数字的科学，对数学真理的追踪可以训练推理的方法和正确

① 华盛顿的第一份工作是弗吉尼亚州的土地测量员，他深知数据对于认识客观世界的重要性，在第一次人口普查期间，他甚至亲力亲为，组织了美国的第一次农业调查；杰斐逊也曾做过土地测量员，除了是一名政治家，他还研究密码学、测量学和考古学；富兰克林则是一名政治家、外交家和科学家，年轻时曾沉迷于捕捉雷电，后来发明了避雷针。

性，这是一项有益的活动，尤其适合理性的人类。”杰斐逊则建议，所有的小学除了教授阅读、写作外，还应该开设数学课。他认为：“就像身体的其他组织一样，大脑的功能也可以通过练习而改善、加强。因此，基于数学的推理和演绎，是人类了解深奥法则的有益准备。”到了1802年，数学已经正式成为哈佛大学入学考试内容。

在这样一批建国者的推动下，数学教育很快在这个新生国家普及，并影响到了美国的货币体系改革和测量单位的统一。这些工作对后人数据意识的形成、数据文化的建立，也产生了深远的影响。

美国的货币体系改革

在英国殖民期间，北美大陆一直沿用英国的货币系统及测量单位。当时，英国货币单位分为英镑、先令和便士，其中，1英镑=12先令，1先令=20便士，换算过程比较麻烦[①]。杰斐逊认为，美国应该简化自己的货币体系，以方便大众、推动商业发展。于是，在他的主导下，美国以十进制为基础，推出了以“元、角、分”为单位的新货币体系（1美元=10角，1角=10美分）。

为了推动新的货币体系在民间尽快流通，杰斐逊还在全美教育系统鼓励“数学和换算”方面的教学，并在随后出版的教材序言中写道：“我亲爱的同胞，我请求你——别再使用英国的货币计算方法，让他们用他们的，我们用我们的！他们的方法确实适用于他们的政府——专制的暴君把会计系统尽可能搞复杂、把人搞糊涂，以操纵税收和财务工作，但一个共和国的货币系统应该简单，简单到最普通的人也能方便地使用。”换句话说，美国货币体系改革的目标就是让一切关于数据的计算变得简单，让每个人在商业活动中能够方便地利用数据进行思考和决策。

十进制在亚里士多德时代就被发明了，但美国是全世界第一个在货币体系中普及十进制的国家。几年后，法国也跟进，制定了以十进制为标准的货币、测量和重量单位。随后这套标准逐渐推广到整个欧洲，乃至全世界。

① 从1971年起，英国也将货币体系改为十进制，即1英镑=100便士，并取消先令。

19 世纪 30 年代，英国哲学家托马斯·汉密尔顿来到美国游历，并把他的亲身见闻写成了一本书《美国人及其作风》。他发现，美国人已经习惯于通过数据来做决策。例如，美国人会根据他人的财务状况对其进行分门别类，“我已经被清楚地告知，我的熟人当中谁有良好的名声和信誉以及他们每年的开支。”他最后在书中得出结论说：“我认为，在这群不断猜测、估算、预期和计算的美国人当中，算术就像是一种与生俱来的本能。”

类似的观察还有很多。1825 年，费城的一名医生统计了 7077 名新生儿的体重，并制作了一张重量分布表，发放给新生儿的母亲，以方便她们对比掌握自己孩子的情况。他还监测了孕妇在 280 天孕期中每天增长的体重，并发放给孕妇作为其每天饮食标准以及体重增长的参考。

今天，现代化的医院一般都秉承了这种数据传统，从体检、诊断到治疗，大部分的医疗环节都以数据为支撑。例如，孩子一出生就要开始接受体检，身高、体重、头围是三个基本的检查指标，美国医院除了提供各项指标的大小，还会提供该项指标的百分位[①]。

在美国做手术，术前病人或家属会被告知手术的风险，例如 0.03% 的死亡率、0.1% 的感染率以及各种并发症的可能性。这些百分比的得出，都建立在长期收集数据的基础上。2013 年，美国外科医师协会（ACS）利用信息技术推陈出新，收集了 2009—2012 年全国 393 所医院、140 多万病人的数据，在这个基础上开发了一个手术风险计算器（ACS/NSQIP Surgical Risk Calculator）。该计算器能针对病人的情况，计算 1557 种手术的风险及各种并发症的可能性，为医生和病人提供手术前的决策参考和准备。

反观古代中国，数据意识淡薄由来已久，甚至可以称为当时国民性的一部分。从古至今的大量典籍里面，人们都能发现各种非常模糊、夸张的描述，例如，各种正史文字中的“千余轻骑”“几十万大军”“向北百余里”“身高丈余”，仔细想想这些已经不是“差之毫厘”了，怎么都能算得上“谬以千里”。

著名信息管理专家涂子沛先生在《大数据：正在到来的数据革命》一书中提及，在

① 百分位（percetile）就是个体指标相对于大众平均水平的参照。例如，体重 38% 的百分位，意味着这个个体的体重超过了 38% 的同类个体。

国外留学期间，通过工作和生活中的对比，他感觉到了中国人缺乏“用数据说话”的素养。中国的语言表达方式中“重定性、轻定量”的特点非常明显，口语中常常使用“大概”“差不多”“少许”“若干”“一些”等高度模糊的词语。例如，中国菜的烹调方法就会令美国教授抓耳挠腮、不知所措，其中关于“盐少许”“酒若干”“醋一勺”的提法，完全是跟着感觉走，让初学者无从下手。

中国近现代著名的思想家胡适就对一些人“凡事差不多、凡事只讲大致如此”的习惯和作风深感忧虑。1919 年，他写下了著名的《差不多先生传》[①]，活灵活现地描画了当时国人不肯认真、缺乏逻辑、甘于糊涂的庸碌形象。

差不多先生传

你知道中国最有名的人是谁?

提起此人，人人皆晓，处处闻名。他姓差，名不多，是各省各县各村人氏。你一定见过他，一定听过别人谈起他。差不多先生的名字天天挂在大家的口头，因为他是中国全国人的代表。

差不多先生的相貌和你和我都差不多。他有一双眼睛，但看得不很清楚；有两只耳朵，但听得不很分明；有鼻子和嘴，但他对于气味和口味都不很讲究。他的脑子也不小，但他的记性却不很精明，他的思想也不很细密。

他常说：“凡事只要差不多，就好了。何必太精明呢？”

他小的时候，他妈叫他去买红糖，他买了白糖回来。他妈骂他，他摇摇头说：“红糖白糖不是差不多吗？”

他在学堂的时候，先生问他：“直隶省的西边是哪一省？”他说是陕西。先生说：“错了。是山西，不是陕西。”他说：“陕西同山西，不是差不多吗？”

后来他在一个钱铺里做伙计；他也会写，也会算，只是总不会精细。十字常常写成千字，千字常常写成十字。掌柜的生气了，常常骂他。他只是笑嘻嘻地赔礼道：“千字比十

① 胡适先生创作的一篇传记题材寓言，对过去中国人数据意识淡薄、不肯认真、拒绝精准的庸碌形象进行了讽刺。全文原载于 1919 年出版的《新生活》杂志第二期。

字只多一小撇，不是差不多吗？”

有一天，他为了一件要紧的事，要搭火车到上海去。他从从容容地走到火车站，迟了两分钟，火车已开走了。他白瞪着眼，望着远远的火车上的煤烟，摇摇头道：“只好明天再走了，今天走同明天走，也还差不多。可是火车公司未免太认真了。八点三十分开，同八点三十二分开，不是差不多吗？”他一面说，一面慢慢地走回家，心里总不明白为什么火车不肯等他两分钟。

有一天，他忽然得了急病，赶快叫家人去请东街的汪医生。那家人急急忙忙地跑去，一时寻不着东街的汪大夫，却把西街牛医王大夫请来了。差不多先生病在床上，知道寻错了人；但病急了，身上痛苦，心里焦急，等不得了，心里想道：“好在王大夫同汪大夫也差不多，让他试试看罢。”于是这位牛医王大夫走近床前，用医牛的法子给差不多先生治病。不上一点钟，差不多先生就一命呜呼了。差不多先生差不多要死的时候，一口气断断续续地说道：“活人同死人也差……差……差不多，凡事只要……差……差……不多……就……好了，何……何……必……太……太认真呢？”他说完了这句话，方才绝气了。

他死后，大家都称赞差不多先生样样事情看得破、想得通；大家都说他一生不肯认真，不肯算账，不肯计较，真是一位有德行的人。于是大家给他取个死后的法号，叫他作圆通大师。

他的名誉越传越远，越久越大。无数无数的人都学他的榜样。于是人人都成了一个差不多先生——然而中国从此就成为一个懒人国了。

1.2 科学方法的产生

著名的华人历史学家黄仁宇，曾经在《中国大历史》等著作中对古代中国文化的一些缺陷做了剖析。他认为：在中国传统的理学和道学当中，一直都分不清伦理之“理”与物理之“理”的区别。这两个“理”混沌不分的结果，是中国人倾向于粗略的主观性、排斥精确的客观定量，从而养成了重形象、重概括、轻逻辑、轻数据的文化习惯。这种文化习惯，使中国人长期沉浸在含蓄、模糊的审美意识中，凡事只能在美术化的角度来印证，满足于基于相似的“模糊联想”，止步于用逻辑来分析、用数据来证明，最终将表象上的相似当作本质上的相同。

归根结底，古代很多中国人对数据的漠视，缘于一种文化上的欠缺：随意、盲目、不求甚解、理性不足。从某种意义上讲，正是因为这种文化上的问题，科学技术最终在西方国家产生，近代中国的坎坷命运也就此铸成。

1.2.1 站在前人的肩上

中国的瓷器[①]是一个伟大的发明，它对世界的政治文化和人类的日常生活都产生了巨大的影响。尤其是在宋代和明代，中国瓷器在世界上每到一处，就会掀起一股奢侈品购置的热潮，并改变了当地人的生活方式、当地的文化，甚至改变了当地的制造业。世界上还没有第二种商品能在几百年的时间里长期做到这一点。

葡萄牙国王曾经用260件中国瓷器装饰了桑托斯宫的天顶，这表明在当时欧洲最富有的皇室眼里，瓷器是美和财富的象征。大航海时代，西班牙人从美洲带走了一万六千吨（约五亿两）白银，这些白银的三分之一都用来购买了中国的货物，主要是瓷器和茶叶。这让中国赚足了欧洲人发现新大陆后150年的红利。在欧洲，还有后来的美国，中产家庭大都有一个带玻璃门的瓷器柜（这种瓷器柜就叫china），里面展示着各种瓷质的餐具。家里没有瓷器柜，会被认为没有品位。

人们也对历史上的中国名瓷耳熟能详，例如代表性的唐宋青瓷、元明青花瓷，还有宋代著名的五大名窑——汝[②]、官、哥、钧、定。如图1.6所示，这些都是人造的奇迹、祖先智慧的结晶，也是中国人的骄傲。但你可能不知道，当今欧洲人占据着世界高端瓷器市场90%的份额，其余份额由美国和日本瓜分，Made in China（中国制造）的瓷器只是在中低端市场。究竟是什么原因导致的呢？而且欧洲人喜欢讲“中国人发明了瓷器，后来欧洲人

① 瓷器是彻底的人造物，它和金属、玻璃（包括水晶）不同，在自然界是找不到的。它完全是人类活动的结果和文明的标志。

② 汝窑青瓷流传到至今的真品，已知的仅67件，“纵有家财万贯，不如汝瓷一片”。香港苏富比2012年“中国瓷器及工艺品”拍卖，“北宋汝窑天青釉葵花洗”经34口叫价，以2亿多港元成交。

又发明了它”，这又有什么鲜为人知的故事呢？

图 1.6　中国名瓷的代表：汝窑杯盏（左）与元代青花瓷器（右）

其实欧洲人制造瓷器的历史很富有戏剧性。由于和瑞典开战，萨克森公国的国王奥古斯都二世的财力几乎枯竭，于是他在 1706 年抓住了两个炼金术士来为自己炼制黄金，当然很快他就发现这件事是不可能的。由于在欧洲的瓷器售价堪比黄金，他就命令两个炼金术士研制瓷器，其中一个叫约翰・弗里德里希・伯特格尔的人因此而名垂青史。

从被奥古斯都二世软禁在阿尔布莱希茨堡到制造出欧洲的第一件瓷器，伯特格尔花了 4 年时间，做了 3 万次实验。他不仅记录了全部的实验过程和结果，而且把每一次实验之间的细小差异全都记录了下来。与熟练掌握瓷器制造工艺却不明白其中化学原理的亚洲工匠不同，这种科学实验和材料分析的方法，让欧洲人对瓷器烧制的原理有了理性认识和定量的了解，他们可以通过细微调节瓷土中元素的配比和调整烧制过程，来制造各种精致的瓷器。

伯特格尔的成功给萨克森公国带来了巨大的财富和荣誉，到了 18 世纪，德国麦森瓷器的售价已经是中国瓷器的两倍。今天麦森仍然是世界瓷都之一，并且在国际高端瓷器市场占有很大的份额。随后，奥地利和法国都在麦森瓷器的基础上不断研发新的工艺，例如，西洋珐琅彩瓷器 ① 被欧洲人带到中国，康熙皇帝非常喜欢，下令在大内仿制，这实际上标志着中国在瓷器制造技术上已落后于欧洲了。

18 世纪中后期，“英国陶瓷之父”乔赛亚・韦奇伍德先是在工厂中搞出了一种叫作

① 一种将玻璃液化后烧制在瓷器表面的技术，不仅在瓷器表面营造出一种晶莹剔透的效果，也使得瓷器更加经久耐用。

“流水线”的生产管理方式[①]，后来又把当时最先进的科技产品——蒸汽机——引入瓷器制造。这些措施不仅极大提高了瓷器的制造效率，而且不同批次的瓷器品质都能得到保障。他的后人在1812年还发明了骨质瓷器，这种加入牛骨粉的制瓷工艺让瓷器更加结实，因此可以做得更薄，甚至薄到半透明的状态（如图1.7所示）。正是从韦奇伍德的时代开始，瓷器首次在世界范围内供大于求。

图1.7 欧洲制瓷工艺的代表：西洋珐琅彩瓷器（左）与韦奇伍德骨质瓷（右）

从这段历史看来，欧洲人之所以在瓷器制造上超越中国，正是重视科学方法和数据记录的结果。欧洲人在研制瓷器的过程中，保留了全部的原始数据和实验报告，这样，前人每取得一点进步，后人都可以直接受益。例如，前面提到的伯特格尔把3万多次尝试的点点滴滴都保留了下来，同样，韦奇伍德在研制碧玉细炻器时，进行了5000多次实验，也把所有的细节都记录了下来。

相比之下，中国工匠更多的是具有对制瓷工艺的悟性，他们靠“师傅带徒弟”的方法将经验代代相传，而徒弟是否能超越师傅，则完全靠悟性。中间即使有一些发明和改进，却因为没有详细的过程记载，或出于保密故意略去，很多精湛的工艺都无法传世，例如，宋代五大名窑的制作工艺大多失传了。这样，后世常常不得不重复前人的失败，而无法直接“站在巨人的肩上”进行攀登，久而久之，造成了瓷器制造技术“起点很高，进步缓慢”的窘境。这种对数据记录的不重视，不是中国瓷器制造业特有的问题，而是中国古代

① 1769年，韦奇伍德在自己开办的埃特鲁利亚陶瓷工厂里实行精细的劳动分工，把原来由一个人从头到尾完成的制陶流程分成几十道专门工序，分别由专人完成。这样一来，原来意义上的“制陶工”就不复存在了，分成了专门的挖泥工、运泥工、扮土工、制坯工等，他们必须按固定的工作节奏劳动，服从统一的劳动管理。

很多手工业普遍存在的现象。其实，中国古代的文献记录里面一直有这么一种现象：注重帝王，不注重平民；注重人文，不注重科学；注重定性，不注重定量。这可能也是中华文明在近代逐渐落后于西方文明的一大诱因。

1.2.2 事实胜过雄辩

1.2.1 节提到了“欧洲人再发明瓷器”的一个里程碑式的人物——约翰·弗里德里希·伯特格尔，他最初的职业是一个炼金术士。如图 1.8 所示，炼金术历史悠久，横跨了多个文明[①]：在西方和伊斯兰世界，人们企图将廉价的金属变成贵重的黄金；在古代中国，则主要是为了制造万灵丹药和长生不老药，因此也叫“炼丹术”。人们学过化学之后，知道这些“炼金术”是行不通的，但正是这些术士们一代一代地前赴后继，催生了火药的发明，找到了各种矿物质，积累了实验的方法，制造了很多设备，进而产生了化学这门学科。

（a）古代中国的炼丹道士

（b）中世纪欧洲炼金术士

图 1.8 炼金术士的形象

为什么化学这门学科诞生于近代欧洲而不是中国，有很大一部分原因归于欧洲的炼金术士有意无意地采用了科学的方法。首先他们对自己做过的实验都有详细的实验记录，这

① 炼金术有 2500 ～ 3000 年的历史，存在的地域包括美索不达米亚、古埃及、波斯、印度、中国、古希腊和罗马，以及中世纪的欧洲等。

些实验记录至今还保留在很多国家的档案馆里。还是拿 1.2.1 节提到的伯特格尔和韦奇伍德发明瓷器的过程举例，由于有了他们这些人的完整数据记录，人们现在才能轻而易举地复制欧洲历史上任何一件名瓷，但是中国的很多工艺却免不了“发明、失传、再发明、再失传”的命运，以至于现在，人们还无法完全仿制出宋代的汝瓷。

今天大多数中学生可能对物理和化学实验都颇有兴趣，但是写实验报告恐怕就没那么认真了，一般记录实验结果时常常随便找张纸潦草地写几个数据了事，更有甚者可能过分相信自己的大脑，记在脑子里回去再整理成实验报告。不仅丢失了实验细节，还会为了应付老师，篡改实验数据来迎合教材上的结论。笔者非常赞同吴军博士的说法：“一旦养成不做记录的习惯，就很难改，这么做实验无法很好地积累经验，后人只好重复前人的错误。”例如，人们今天不是很了解中国的道士们在炼丹技术上都做了哪些改进，明清道士炼丹的水平恐怕并不比隋唐时期的道士高多少，因为没有实验的数据积累，或者记录过于粗略。

科学方法的另一个要素也是炼金术士的贡献，即对每次实验的结果进行定量分析。量杯、天平、比重计和各种简单的测量工具都被用于炼金试验中，有了这些定量的记录和分析，后人就可以重复前人的实验结果，并在此基础上进行自己的改进和创新。这一点也成为今天在高级别学术杂志和学术会议上发表论文的前提条件。例如，在信息科学领域，要证明一种新的算法比以往的算法都好，就必须先重复近期发表的同类算法的实验结果。如果你只是给出自己算法的效果，而没有对比前人的算法在同等条件下取得的结果，任何权威的学术机构都不会承认你的工作。

定量分析带来的另一个结果就是，在科学上从尊重权威变成尊重事实。没有定量的衡量，很多观点和结论是不可比的，人们只好相信权威。在古代，人们喜欢这么论证，例如“亚里士多德是这么说的”“孔子是这么说的”，等等。到了近代，人们立论的证据不再是经卷上的教条，而是根据自己的观察或做实验的结果，因为定量的结果很容易比出好坏对错。笛卡儿就非常强调：“是事实而不是权威，才是验证一个结论正确与否的前提。”

拉瓦锡的实证精神

安托万-洛朗·德·拉瓦锡是法国化学家、生物学家，被后世尊称为“近代化学之父”。他提出规范的化学命名法，撰写了第一部真正现代化学教科书《化学基本论述》（Traité Élémentaire de Chimie）；提出了“元素”的定义并于1789年发表第一个现代化学元素列表，列出33种元素；他还统一了法国的度量衡，并且最终形成了当今现行的公制。

发现氧气和证实质量守恒定律是拉瓦锡的两个重大成果。在此过程中，他坚持采用了科学的方法：首先对命题进行怀疑；然后通过实验寻找证据，并对实验进行详细记录和定量分析；有了这些证据之后，再通过逻辑推理得出正确结论。可以说，拉瓦锡在研究过程中，再次确认了科学方法的重要性，对整个学科进行了综合，提出了新的学术思想，并建立了近代化学的学科体系。

法国大革命爆发后，拉瓦锡被雅各宾派领导人送上了断头台，据说这是他进行的最后一次“科学实验”——验证人的脑袋砍下来之后是否还有感觉。行刑前，他和刽子手约定自己被砍头后尽可能多地眨眼睛，据说拉瓦锡的眼睛一共眨了十一次（另一种说法是十五次）。虽然这个故事不见于正史，但是人们还是愿意相信它，因为拉瓦锡一生都在强调实验是认识的基础，这个传奇桥段的确是太符合他的做事风格了。

1.2.3 提高质量的法宝

近些年，每逢节假日都会有新闻报道，大量中国游客去日本游玩，回国之前抢购了大量日本产品，其中还不乏在中国制造的日本品牌，等等。这种现象说明在国人心目中，“日本制造”已经成为品质的象征。但大家可能不知道：第二次世界大战前后日本商品在国际上恰恰以“山寨”“低劣”而闻名；“日货”的崛起是在第二次世界大战之后短短十几年间完成的；而为此做出巨大贡献的竟是一个美国物理学博士——爱德华兹·戴明。

让我们把视线挪到1950年7月13日，虽说戴明早已多次搭乘军用飞机来日本了

（帮助指导人口普查和战后重建），但这一天的意义极为特殊。在日工盟[①]主席石川一郎的安排下，戴明在晚餐会上见到了日本的21位行业巨头，和他们一起坐榻榻米、喝清酒、看艺妓表演。面对着掌管日本80%财富的行业巨头们，戴明向他们承诺说："如果按照我倡导的原则去做，你们就可以生产出高质量的产品。5年内，日本的产品将占领整个国际市场"。5年！当时晚餐会上的所有人都认为这匪夷所思，但事实证明了戴明博士预言的准确性。日本的产品质量总体水平在四年后（大约1955年）就超过了美国，到20世纪70—80年代，不仅在产品质量上，而且在经济总量上，对美国工业造成了巨大的挑战。

跨界造就的管理大师

爱德华兹·戴明是耶鲁大学的物理学博士，由于在物理试验中产生的大量的数据，处理这些数据使他深刻体会到了"实际偏差是如何产生的，又该如何控制"。与数学博士乔治·盖洛普[②]长时间的合作讨论，加上参与美国人口普查的经历，使得他逐渐偏离了原来的研究方向，进入了统计领域，成为美国首屈一指的抽样专家。接下来，他开始研究如何用统计方法进行质量控制；再后来，他又进入管理领域，成为名扬世界的质量管理大师。

戴明先物理、后统计、再管理，用现代的话来说，就是"跨界"。跨界是指跨越不同的领域、行业甚至文化，对其中的相关因素进行融合和嫁接，进而开创一片新领域、一种新风格或者一个新模式。戴明的跨界，开创了一个应用统计科学进行质量管理的新领域，其中的过程曲折起伏，令人感叹。感兴趣的读者可以翻阅涂子沛先生的《数据之巅》第五章——抽象时代：统计革命的福祉。

戴明的质量管理立足于一个基本信念，即高质量可以降低成本。控制质量，需要在生产过程中尽可能收集数据，利用偏差控制图和鱼骨图等可视化工具来进行分析。戴明认

① 日本科学与工程联盟，JUSE，简称日工盟。

② 乔治·盖洛普，美国数学家，抽样调查方法的创始人、民意调查的组织者，他几乎是民意调查活动的代名词。他于1935年创立盖洛普公司，该公司是全球知名的民意测验和商业调查/咨询公司。

为，无论企业的管理者还是生产者，都要学会制作这两类图表。

如图 1.9 所示，偏差控制图为每个偏差定义了一个变化的上限和下限，一旦波动超出了这个限度，就说明可能发生了特殊原因，应该首先消除。但这还不够，真正的质量控制，不仅要使偏差落在规定的范围之内，还要让偏差波动的范围越小越好，即在生产过程中也要全力消减共同原因，达到“稳定的一致性”。他认为，是否追求这种一致性，正是后来日本成功、美国失败的原因。

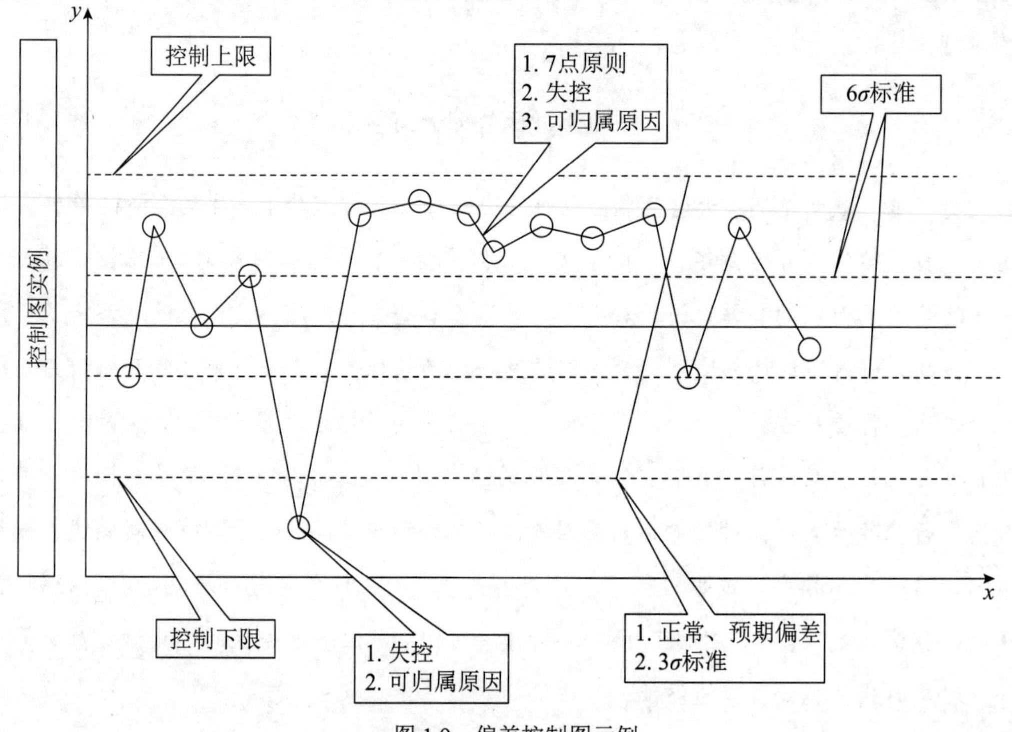

图 1.9　偏差控制图示例

发现了偏差，确定了偏差发生的类型，接下来就要针对偏差产生的原因进行因果关系分析，分析工具就是鱼骨图（因为全图像鱼的骨头，故称鱼骨图）。鱼骨图由日本学者石川馨[①] 提出，得到了戴明的充分肯定，从 20 世纪 60 年代开始在全世界企业管理领

① 石川馨，日本式质量管理的集大成者，20 世纪 60 年代初期日本“质量圈”运动最著名的倡导者。石川馨是日工盟主席石川一郎的儿子，曾担任过戴明的翻译。

域风行。

图 1.10 就是针对某产品出现“尺寸超差”问题而绘制的鱼骨图，问题的起因可能有“材料、人员、环境、方法和设备”五大来源，每一个来源又分为若干个小因素，每个箭头都表示一个因素。戴明主张通过一线生产小组的集体讨论，共同绘制出这种分析图，并通过这个过程，让生产者、管理者一起积极地确定问题产生的原因，增强大家对于问题的理解并竭力避免。

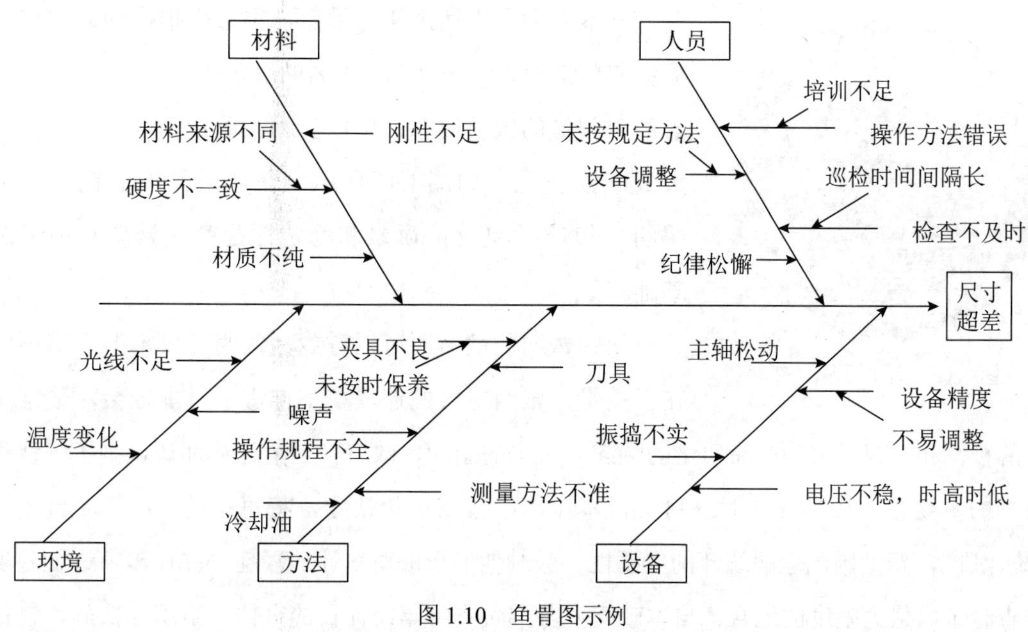

图 1.10 鱼骨图示例

丰田公司可以说是戴明质量控制理论最早、最大的受益者。到 1961 年，丰田公司已经在戴明和石川馨等人的指导下开创了一套全面质量控制体系（TQC），不仅在生产过程中全力缩小偏差范围，还完全吸纳了消费者调查方法。例如，在进入一个新市场时，公司甚至会派人去测量当地人的身高、腿长，以调整变速杆的高度和乘客腿部空间的大小。

丰田公司以及日本工业的战绩卓越：1975 年，丰田超过德国大众，成为美国最大的汽车进口商；1981 年，日本主导了整个国际汽车市场，成为全球最大的汽车生产国和出口国，其出口量是美、德、法三国轿车出口量之和；1983 年，丰田推出的佳美车型独步天下，之后10年中有9年都是美国市场最畅销的车型（唯一一年屈居第二，输给的还是一个日本品牌——本田雅阁）。而同时期的美国汽车巨头如通用、福特、克莱斯勒经营业绩不断下滑，每年都有高达十几亿的亏损。更要命的是，除了汽车，电视机、摩托车、录音机、复印机等日本商品在美国大行其道，"美国制造"黯然失色。

1980年，丰田总裁丰田章一男在采访中说："我没有一天不在思考，戴明博士于我们的意义何在——戴明是我们整个管理思想的核心！"

图1.11　戴明质量奖章

日本人为了表达感激与敬意，用戴明捐赠的课程讲义稿费和募集到的资金设立了著名的"戴明奖"[①]——一个刻着戴明侧像的银质奖章，用以奖励在质量管理方面取得重大成就的企业。如图1.11所示，在其肖像下面镌刻着戴明的一句话："良好的质量和稳定性是商业繁荣与和平的基础。"

回顾戴明的故事，可以看到，戴明对日本的贡献不仅在于质量，戴明更大的遗泽在于推进了日本社会对数据统计的普及和重视。因为产品质量的崛起，日本的企业、政府甚至全社会都认识到了统计和数据的重要性。1973年7月3日，日本内阁经会议讨论决定，将每年的10月18日定为"统计日"，帮助国民理解统计的重要性，鼓励他们形成对统计的兴趣，并在国家进行各项普查时予以最大限度的配合。日本政府内务部负责每年统计日的宣传、组织和实施，包括印制海报、组织知识竞赛、成果展览等。

除了国家统计日，日本每年还在中小学教师中组织"统计讲习会"，在中小学之间开展统计图表大赛，入选作品在东京的统计资料博览会上展出，最佳作品将获得总务大臣特别奖。此外，日本政府还在全国各地建设统计广场、统计资料馆、统计图书馆，以生动活泼的形式向大众介绍、展示统计的历史及最新的图书资料，在全民中推广数据的概念和知识。

---

① 1951年以来，日本每年都评选戴明质量奖，国家电视台会现场直播每次颁奖典礼，视其为年度盛事。

1.3 智慧从哪里来

在日常使用中，人们总是混淆“数据”“信息”“知识”“智慧”这四个词语，其实从专业角度来看，它们是完全不同的概念。如图 1.12 所示：数据是信息的载体，但并非所有的数据都承载了有意义的信息；信息是有背景的数据，需要对相关领域有所了解的人才能将其提取出来；知识要更高一个层次，也更加系统，是经过人类的归纳和整理，最终呈现规律的信息；而智慧则是根据运用已有知识，对获取的信息进行分析，并找出解决问题的方案的能力。

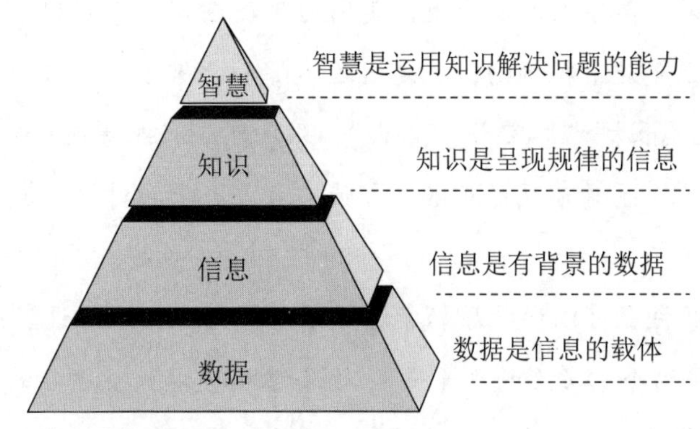

图 1.12　数据—信息—知识—智慧体系（DIKW 体系）

更加严谨一点的描述如下：

- 数据是对现实世界的测量或抽象。
- 信息是经过处理、结构化、附加上下文解释的数据。
- 知识是人类已经理解和整理好的信息，具有规律性。
- 智慧是根据已有知识适时采取行动。

为了便于理解，这里举一个生活中的例子：“30”是一个传统意义上的数据；给它赋予背景之后可以成为“今年北京 7 月 16 日，气温 30℃”，这就是一个有逻辑含义的信息；结合每年 7 月北京的温度信息，就可以进一步提炼出来气候规律——“北京 7 月的平均气温全年最高，天气炎热”，这就形成了知识；如果能够利用这个气候方面的知识，7 月在北京策划一次防暑产品或避暑旅行的推介会，进而解决了某公司的经营业绩问题，这就可以称得上有智慧了。

再举一个科学史上的例子：人们通过测量星球的位置和对应的时间，得到了大量的天文数据；在这些数据的基础上可以计算星球运动的轨迹，提取更为抽象的信息；基于这些信息进一步总结出来的开普勒定律[①]，就是更有意义的知识；如果利用这些知识能够预测天文现象、确定时间节气，从而改变人们的生活和周围的世界，这就是智慧的体现了。

数据从哪里来?

数据主要的来源之一是“测量”，其狭义的定义为“有根据的数字”，强调的就是对客观世界的测量结果。数字之所以出现，是因为人类在实践中发现，仅仅用语言、文字和图形来描述这个世界是不精确的，也是远远不够的。例如，有人问“天安门广场有多大？”，如果回答说“很大”“非常大”“最大”，别人听了只能得到一个抽象的印象，因为每个人对“很”“非常”有着不同的理解，即使“最”也是相对的，但如果回答说“44万平方米”，就一清二楚了。

除了测量，新数据还可以由“原始数据”经计算衍生而来。这里说的“原始数据”，并不是“原始森林”这个意义上的“原始”，原始森林是指天然存在的，而原始数据仅仅是指第一手的，没有经过人为篡改的。毕竟，无论测量和计算都是人为的，没有“纯天然”。有了计算这个手段，人们就可以得到一些衍生的、间接的数据。在很多生产实践中，这些衍生数据甚至比原始数据更能起到直接的作用。例如，人们无法直接测量地球的质量，但还是可以通过测量地球上的物体质量和自然现象，来计算出重力加速度、万有引力恒量、地球半径等数据，然后再通过这些数据进一步计算地球的质量。

进入信息时代之后，“数据”二字的外延开始不断扩大：不仅指代“有根据的数字”，还统指一切保存在计算机中的信息，包括档案资料、设计图纸、病例、影像资料等。“文本、音频、视频”的来源往往不是对世界的测量，而是对世界的一种记录，所以信息时代的数据又多了一个来源——记录。

① 开普勒定律是德国天文学家开普勒提出的关于行星运动的三大定律，分别称为椭圆定律、面积定律和调和定律。

从前面介绍的历史事件和科学实例中，可以看出数据的作用自古有之，并非到了今天的信息社会才突然显现。但是在过去，数据的作用常常被人们忽视，这是什么原因呢？可以比较一下人类文明的三个基本要素——物质、能量和信息，会发现，这三者之中物质资源相对直观，信息资源比较抽象，而能量资源则介于两者之间。由于人类的认识过程也是从简单到复杂、从直观到抽象的，所以材料科学与技术往往发展在前，接着是能源科学与技术的发展，最后才是信息科学与技术的发展。

况且在生产力和生产社会化程度不高时，要想积累足够的数据，可能需要几代甚至几十代人的努力。在如此漫长的时间里，用原始的工具把先人留下的数据保存完好，本身就是非常困难的事情。如果再想从中提取出信息、总结出规律，更是需要过人的天赋和非凡的运气！所以，祖辈传下的经验（真假掺杂的知识）就显得弥足珍贵，“不听老人言，吃亏在眼前”，靠着这些口耳相传的经验就基本上满足了当时认识世界和改造世界的需要。

20世纪中期以后，随着信息时代的到来和信息技术的普及，各行各业的数据数量和种类激增，产生了一大堆问题。例如，信息过量，难以消化；鱼龙混杂，真假难辨；形式不一，不好处理……各种信息系统的建立和运行，虽然可以高效地实现数据的录入、查询、统计等功能，但难以发现数据中隐含的关系和规律，无法根据现有的数据预测未来的发展趋势，这就导致了“数据爆炸但知识贫乏”的现象。20世纪90年代，管理大师彼得·德鲁克①就曾经发出感叹：迄今为止，我们的系统产生的仅仅是数据，而不是信息，更不是知识！

数据挖掘（data mining）就是通过特定的计算机算法来取代人工，对大量的数据进行自动的分析，从而揭示数据之间隐藏的关系、模式和趋势，为决策者提供新的知识。由于早期各行各业的主要数据大都按照固定的格式存储在数据库中，这样也有利于提高计算机处理的效率。所以在某些场合下，数据挖掘也被人们称为数据库中的知识发现（Knowledge Discovery in Database，KDD）。

如图1.13所示，可以简单地把数据挖掘理解为“对数据进行挖山凿矿式的开采”，它的主要目的有两个：一是要发现潜藏在数据表面之下的历史规律，二是通过现有数据对未

① 彼得·德鲁克，现代管理学之父，其著作影响了数代追求创新以及最佳管理实践的学者和企业家们，各类商业管理课程也都深受其思想的影响。

来进行预测。前者称为描述性分析，后者称为预测性分析。在商业应用上，很多超市会从购物记录中挖掘“哪些商品常常会被顾客同时购买？”这就是一种典型的描述性分析；如果通过考察现有的历史数据，以特定的算法估计某种商品下个月的销售量（以确定进货量），则是一种预测性分析了。

图 1.13　从数据中挖山凿矿

数据挖掘把数据分析的范围从“已知”扩大到了“未知”，从“过去”推向了“将来”，这也是商务智能（business intelligence）[①] 真正的生命力和“灵魂”所在。它的发展和成熟，最终推动了商务智能在各行各业的广泛应用。

利用数据挖掘进行营销策划

零售帝国沃尔玛[②] 拥有世界上数一数二的数据库系统，也是最早应用数据挖掘技术的企业之一。在一次例行的数据分析之后，研究人员突然发现：跟尿布一起搭配购买最多的商品竟然是啤酒！尿布和啤酒，听起来风马牛不相及，但这是对历史数据进行挖掘的结果，反映的是潜在的规律。于是，沃尔玛随后对啤酒和尿布进行了捆绑销售，并尝试着将两者摆在一起，结果使得两者销量双双激增，为公司带来了大量的利润。后来的跟踪调

① 1989 年，高德纳咨询公司的德斯纳在商业界给出了“商务智能”的一个正式定义：商务智能指的是一系列以事实为支持、辅助商业决策的技术和方法。

② 沃尔玛（Wal-Mart），是世界最大的零售商，拥有 8400 多家分店、200 多万雇员（和美国联邦政府的雇员等量齐观），它的收入在 2010 年突破了 4000 亿美元，超过了许多国家的 GDP 总值。

查发现，在美国有孩子的家庭中，太太经常嘱咐丈夫下班后要去超市为孩子买尿布，而 30% ～ 40% 的丈夫们会在买完尿布以后又顺手买点啤酒犒劳自己……

天睿公司[①]与沃尔玛进行合作，从 2004 年开始对沃尔玛所有的历史交易记录进行整合与分析。发现每次飓风来临，不仅手电筒、电池、水这些商品热销，而且一种袋装小食品“Pop-Tarts”的销量也会明显增加。于是，飓风来袭之前，沃尔玛就提高 Pop-Tarts 的仓储量，以防脱销，并且把它和水捆绑销售。研究人员后来发现，这个规律的背后原因是：一方面美国人喜欢此类甜食，另一方面 Pop-Tarts 在停电的时候吃起来非常方便……如果没有数据挖掘，Pop-Tarts 和飓风的微妙关系就难以被发现。

① 天睿公司（Teradata），是美国十大上市软件公司之一，已经成为全球最大的专注于大数据分析、数据仓库和整合营销管理解决方案的供应商之一。

第2章
来源：科技的突飞猛进

在这个世界上，有三件事不可避免：纳税、死亡和被收集数据。

——涂子沛（著名信息管理专家）

科学像制造业一样，更换工具是一种浪费，只有在不得已时才会这么做。危机的意义就在于，它指出更换工具的时代已经到来了。

——托马斯·库恩（美国科学哲学家）

通过第1章的介绍，大家了解了“什么是数据”以及“数据的意义”：显然，数据的外延远比人们通常想象的要宽广，“数字、文本、音频、视频、图形”各种形式的“记录”组成了广义的“数据”；数据的作用也比人们通常意识到的要重大，人类认识自然的过程、科学实践的过程，以及在经济、社会领域的行为，总是伴随着数据的使用。从某种程度上讲，获得和利用数据的水平直接反映了人类文明的水平。

那么，人类社会现在到底有多少数据？数据的增长速度究竟有多快？许多人试图测量出一个确切的数字。据有关资料显示，从人类文明出现到2003年，人类留下来的所有数据可以装满100万个容量为1太字节（参见表2-1）的计算机硬盘。而如此庞大规模的数据量，在此后的人类社会里不到两天就能产生出来！到了2007年，人类的数据存储总量竟然在短短4年之中增长了300倍，足以装满3亿个容量为1太字节的计算机硬盘。在这种不可思议的变化中，“大数据”一词开始出现在媒体上，进入了大众的视野，并逐渐成为最火的科技概念。

理解数据的存储单位

在信息技术领域，美国数学家香农[①]引入了“比特”（bit）这个术语作为信息量的度量单位。所以“比特”是计算机存储数据的最小单位，1比特指1个二进制数位：0或1。随后，ASCII（美国信息交换标准代码）通过8比特二进制数组合表示出了256种可能的字符（囊括了英文键盘上的所有按键）。这也就使得8比特成为计算机存储数据的基本单位——“字节”（Byte）。

说到这里，大家可能会有点迷惑——“最小单位”和“基本单位”有什么区别？就拿中文写的一篇文章来举例，它的最小单位应该是“笔画”，例如点、横、竖、撇、捺，因为到了“笔画”这个层次就无法再往下分割了。但是，它的基本单位却是由笔画组成的“字”。估算这篇文章的规模就是数数它有多少个字，而不是看总共有多少个笔画。同理，当人们提到数据的存储量时，一般指的是多少“字节”，而不是多少“比特”！

表 2-1　存储单位的换算关系和实例[②]

存储单位	英文标识	换算关系	具体示例
千字节	KB	1024 字节，或 2^{10} 字节	存储 1024 个英文字符需 1 千字节，而普通的一页纸上的文字大约 5 千字节
兆字节	MB	1024 千字节或 2^{20} 字节	一首 MP3 格式的流行歌曲（普通音质）大约 4 兆字节
吉字节	GB	1024 兆字节或 2^{30} 字节	一部好莱坞电影（普通画质）大约 1 吉字节
太字节	TB	1024 吉字节或 2^{40} 字节	美国国会图书馆所有登记的印刷版书籍的信息量为 15 太字节（2010 年）
拍字节	PB	1024 太字节或 2^{50} 字节	在 2010 年，谷歌[①]公司每小时处理的数据量约为 1 拍字节

① 克劳德·艾尔伍德·香农，美国数学家、信息论的创始人。他提出了信息熵的概念，为信息论和数字通信奠定了基础。

② 谷歌（Google）是一家位于美国的跨国科技企业，业务包括互联网搜索、云计算、广告技术等，同时开发并提供大量基于互联网的产品与服务，被公认为全球最大的搜索引擎公司。

续表

存储单位	英文标识	换算关系	具体示例
艾字节	EB	1024 拍字节或 2^{60} 字节	相当于 13 亿中国人人手一本 500 页的书加起来的信息量
泽字节	ZB	1024 艾字节或 2^{70} 字节	截至 2010 年，人类拥有的信息总量大约 1.2 泽字节
尧字节	YB	1024 泽字节或 2^{80} 字节	超出想象，难以描述

（示例参考涂子沛的《大数据》一书）

2.1 计算机与业务数据

人类的祖先早就意识到了数据对于人类文明的重要作用，但在上万年的历史长河中，还是受限于各种技术瓶颈：一是数据的获取，自古以来，测量事物和感知世界都是需要人们去亲力亲为的，人们不仅要学习如何使用专业的测量工具，还要长年累月、持之以恒，其难度可想而知；二是数据的存储，无论是人类的大脑，还是石板、缣帛、竹简，抑或是纸张、磁带、胶片，这些介质的存储容量极其有限，而且价格不菲；三是数据的处理，面对大量的数据，人们需要像“沙里淘金”一样进行筛选、整理和提炼，才有可能得到隐藏在其中的高价值信息。

随着计算机的出现，人类进入了“信息时代”，获取数据、存储数据和处理数据的能力飞速提升。在短短几十年的时间里，人类在数据应用上取得了前人无法想象的进步。

2.1.1 数据记录的历史

人类很早就发展出了独特的语言，不仅能够比普通动物的声音表达出更加丰富的意思，还可以通过口耳相传间接获取同类的一些数据和经验。但这种保存数据的方式非常粗浅，在跨越空间的距离和时间的长河后，只能留下零碎的片段。这使得一代又一代人要在黑暗中重复摸索，文明的脚步十分缓慢。

所以，史前的人类开始琢磨着把数据的记录从大脑转移到一些外部“存储器”上，例如在岩壁上绘画。这种古老的记录形式可以追溯到三万多年前世界各地的洞穴里，主题经常是动物和猎人，如图 2.1 所示。这种艺术化的记录方式有着其与生俱来的缺陷：首先，它的创作不仅消耗大量的时间而且浪费很多人力；其次，它善于捕捉某个永恒的瞬间却无法讲述清楚事情的始末；最后，精确的数字或者抽象的思想都很难用绘画去表现。

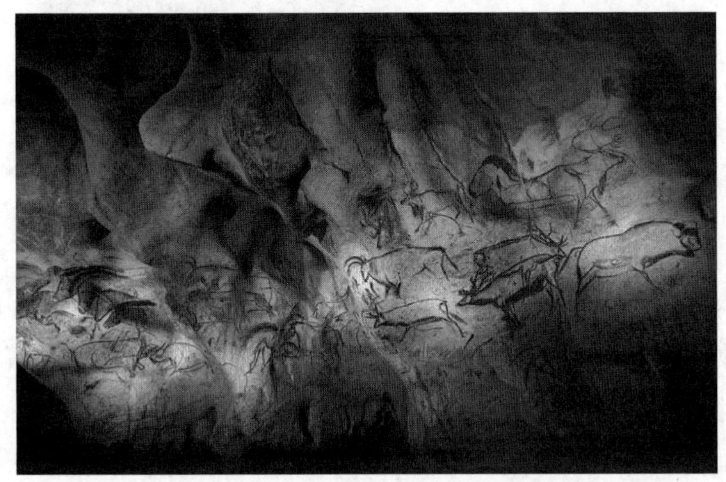

图 2.1　法国肖维岩洞中的史前壁画[①]（大约 3.6 万年前）

由于绘画的这些固有缺点，人类的祖先便去寻求其他记录方式。尤其是那些专注于生产、贸易与管理的组织，想要拥有一种简便精确的数据存储方法，这就有了文字的诞生。公元前 3500 年左右，居住在美索不达米亚南部的苏美尔人已经超越小的村庄形态，形成了更大的群体。为了记录账目与存货，便有人在黏土泥板上刻印小的凹痕进行数据记录。如图 2.2 所示，目前找到人类祖先最早留下的文字是一份财务记录：“29 086 单位大麦 37 个月库辛[②]”，最有可能的解读是：“在 37 个月间，总共收到 29 086 单位的大麦。由库辛签

① 1994 年 12 月 18 日，让 - 马林 · 肖维和他的两位朋友在偶然之中发现了这个岩洞。这些原始人用赭石绘制于三万多年前的犀牛、狮子和熊，虽经岁月侵蚀，却依然能给人带来极大的撼动，此壁画被认为是已知最古老的岩洞壁画！

② 这里的“库辛”可能是当时的某个职务，又或是某个人的名字。如果真的是后者，他可能是史上第一个留下名字的人，而不是“山顶洞人”“尼安德特人”这样后人重新给取的代号。

核”。这些早期的象形文字，最终逐渐形成了书写，使得早期苏美尔人的楔形文字成为第一种广泛应用的书面语言。

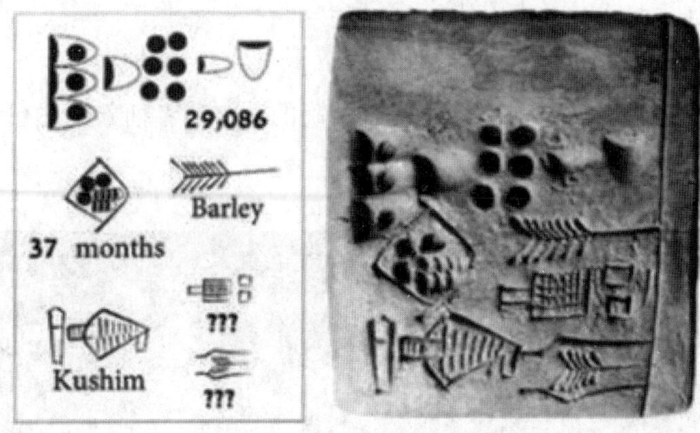

图 2.2　来自古城乌鲁克大约公元前 3400—前 3000 年的泥板

大约在同一时期（公元前 3000 年），埃及也出现了类似的象形文字。而几个世纪之后，在东亚的黄河岸边产生了更为成熟的象形文字——“甲骨文”，并随着中华文明一直流传下来，衍生出了今天的汉字。

文字的使用离不开记录和传播文字的载体。早期各个文明采用的方法大致相同，都尝试过陶器、青铜器、树叶、兽皮、骨头、石碑等。在中国河南的殷墟出土的大量记录商朝政治军事的文献，全部都是刻在龟甲与兽骨上，所以命名为“甲骨文”；亚述帝国的末代国王巴尼帕喜欢在征服的城市中搜集能够看到的所有文字材料，这些文本大都整洁地存储在成千上万的黏土块上；统治亚历山大港（今埃及）的托勒密家族诱使精英知识分子从遥远的地方慕名而来，从而获取他们携带的各种记录文字的莎草纸[①]卷轴，打造出了当时世界上最大的图书馆。

不管是刻在龟甲和石碑上，还是铸在青铜器上，高昂的费用使得早期的文字只能局限于上流社会使用。直到中国的春秋时期，一种新的文字载体开始登上了历史舞台，文字才得以广泛地流传和使用，那就是被认为是文字平民化的使者——竹简。如图 2.3 所示，作

① 莎草纸是为古埃及人广泛采用的书写载体，它用当时盛产于尼罗河三角洲的纸莎草的茎制成，类似于竹简的概念，但比竹简的制作过程复杂。

为一种廉价、轻便的文字载体，竹简流行了800多年之久，直至魏晋时期，才逐渐退出历史舞台。

图2.3　将竹简编联为“简牍”

东汉时期，蔡伦在总结以往造纸经验的基础上革新了造纸工艺，并于公元105年进献给汉和帝，得到了皇帝的赞赏，并诏令天下使用推广。此后没过多久，造纸术就传入了与中国毗邻的朝鲜和越南，随后又传到了日本。大约8世纪前后，造纸术又沿着丝绸之路传到了中亚，后来经过了阿拉伯传到了欧洲和非洲，欧洲人又带着纸张踏上了新大陆美洲。可以说，1800多年以来，“纸”这种媒介已经深入人类生活的方方面面，它让书写变得更加方便快捷，极大地促进了各地的文化交流和教育普及，加速了世界文明的进程。

从某个角度可以认为，文字和纸张（包括竹简）的发明是早期中国文明一直领先于世界的重要原因。相较于在兽骨、青铜器和石碑上书写，基于纸质的记录更方便。这意味着人类可以更快、更高效地采集数据，更便捷地保存和提取信息，经验知识因此可以大规模地传播。虽然文字的复制主要靠人工抄写，但汉朝以后，中国社会的识字率大幅提升，进而推动了管理水平的提升，中国由此才成为当时最富裕的文明体，并将这种领先地位一直保持到14世纪前后。

接下来中国的逐渐落后也可以从这个角度得到解释，其标志性事件就是西方社会发明并普及了印刷机。大约公元1450年前后，德国人约翰内斯·古腾堡在欧洲发明并推广了“铅活字版机械印刷机”，印刷效率比人工手抄提高了上千倍，其成本却下降到了原来的几百分之一。在这之后的短短几十年间，共有上千万本图书得以出版，比欧洲此前1000多年所有抄写员制作的书籍还要多。在印刷机出现之前，一本手抄书，无论如何悉心保存，都要遭受潮湿、虫蛀、氧化的侵蚀，最终难逃发黄、散落和消失的命运。一把火可以烧掉一座藏书阁，让前人的毕生心血付之一炬，让文明断层。但通过印刷，一本书可以在不同时间和地点不断地产生新的副本，与时光赛跑、与遗忘对抗，人类的知识得以大规模地保存和传承。

与古腾堡的“铅活字版机械印刷机”相比，中国的印刷术命运多舛。在唐代就普及了雕版印刷术，即像刻章一样把书的每一页都在一块木板上刻出来，然后再像盖章一样重复印制。这种方法简单实用，对数据存储和文化传播起到了很大的作用，但也存在明显的缺点：每印一本新书，都要重刻雕版，从成本上限制了印刷的范围。对于官方文告、科考用书和佛经等需求规模庞大的文献，雕版印刷是非常合算的。相对小众的书籍，人们依然只能通过手抄解决。

宋仁宗庆历年间（公元1041—1048年），平民发明家毕昇发明了活字印刷术，算起来比古腾堡还要早上400多年。毕昇的方法是这样的：用胶泥做成一个个规格一致的毛坯，在一端刻上反体单字（字画突起的高度像铜钱边缘的厚度一样），用火烧硬，成为单个的胶泥活字。为了适应排版的需要，一般常用字都备有几个甚至几十个，以备同一版内重复的时候使用。遇到不常用的冷僻字，如果事前没有准备，可以随制随用。印完一页之后可以拆版，所以活字可重复使用，且活字比雕版占有的空间小，容易存储和保管。

可惜的是，毕昇的思路没有问题（古腾堡的印刷机也是这个思路），但材料技术没有跟上。如图2.4所示，由于活字是由胶泥制成，烧制后大小有细微差别，排版不够整齐美观，更致命的是很容易碎裂，不利于重复使用。虽然清朝初年还出现过铜活字[①]，但使用贵金属成本太高，不可能在民间普及，更谈不上撼动雕版印刷的地位。直到19世纪初，

① 为了完成皇帝《钦定古今图书集成》的印刷任务，清政府组织制作了25万铜活字。但用过一次后就束之高阁，后来因为财政困难，被重新炼铸为铜钱。

英国传教士来到中国印制《圣经》和英汉词典，才使得铅活字在我国逐步得到推广和应用。这比欧洲晚了 300 多年，恰好也是中国社会几乎停滞而西方科技大幅前进的 300 多年。

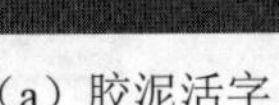

（a）胶泥活字　　（b）铅活字

图 2.4　胶泥活字与铅活字示例

2.1.2　摩尔定律的馈赠

2.1.1 节提到文字诞生的动力就是，那些专注于生产、贸易与管理的组织想要拥有一种能够简便、精确地存储与提取信息的方法。所以，在过去的几千年里，数据最主要的来源就是人类的生产、贸易、管理等业务流程的记录，这里姑且称之为“业务数据”。而这些业务数据主要存储在纸张、胶片、黑胶唱片和盒式磁带这类媒体上面，截至 2000 年，这些传统媒介上依然存放着人类已有数据的大半。

从 20 世纪中期开始，计算机就逐渐从国防、科研领域走向商业应用。到了 80 年代，个人计算机[①]的出现又让计算机从工厂和公司进入千家万户。今天，计算机的功能早已超越了科学计算和日常工作，它的式样也远不止台式机、笔记本电脑和智能手机了，可以是一个大机柜、一块电路板或一块小小的芯片（如图 2.5 所示）。计算机存在于城市和住所中的每一个角落，而且从公共基础设施到飞机、火车和汽车等交通工具，从商场、银行的

① 个人计算机，源于英文 Personal Computer，缩写为 PC。

业务系统到各种家用电器，或多或少都是由计算机控制的。计算机已经成为现代社会生活中不可或缺的一部分了。

图 2.5　形态各异的计算机及其相关设备

很难想象，从第一台电子计算机①诞生至今，不过短短 70 多年。它发展得如此之快，应用如此之广，早已超出了当年所有人，包括当年计算机领域的顶尖科学家最大胆的想象。历史上其他重大发明，例如轮子和瓷器，从出现到完善再到广泛应用，通常需要几百年甚至更长时间。但是计算机只用短短一两代人的时间就完成了这个过程，而且让人们对它产生如此之大的依赖，不得不说是人类文明史上的奇迹。

随着计算机的发展，20 世纪末兴起了信息化的浪潮，其重要的标志就是信息资源被高度共享。于是，一方面传统媒体上的数据被整理、转换并存储到计算机中；另一方面越来越多新的业务数据被直接输入计算机里。因此，人类收集业务数据的能力越来越强，业务数据的增长也越来越快，不知不觉中，数据的总量已经达到了惊人的规模。

2011 年 5 月，麦肯锡公司②下属的全球研究所出版了一份专门的研究报告《大数据：

① 1946 年，在美国科学家的努力下，世界上第一台通用电子计算机 ENIAC 宣告诞生。该机占地面积 140 平方米，重达 30 多吨，每小时耗电 140 千瓦，运算速度为 5000 次 / 秒，它能按照人所编好的程序自动地进行计算。

② 麦肯锡咨询公司（McKinsey & Company）由美国芝加哥大学商学院教授詹姆斯 • 麦肯锡于 1926 年在美国创建，现已成为全球最著名的管理咨询公司，在全球 44 个国家和地区开设了 84 间分公司或办事处，拥有 9000 多名咨询人员。

下一个创新、竞争和生产率的前沿》。该报告对美国各行各业目前拥有的数据量进行了估算（如图 2.6 所示）：离散式制造业位居首位，拥有 966 拍字节（PB）的数据量；美国政府屈居第二，拥有 848 拍字节的数据量；居第三位的是传媒业，共有 715 拍字节……仅仅拿出美国政府商务部下属的美国普查局（USCB）举例，它当时就拥有了 2560 太字节（TB）的数据（如果把这些数据全部打印出来，用 4 个门的文件柜来装，需要 5000 万个才能装得下）。作为当时世界上最大的零售王国，沃尔玛每小时要处理 100 多万笔电子交易记录，可谓每分每秒都在源源不断地生产数据。即便如此，其数据库的规模在 2010 年为 2500 太字节左右，还没有赶上美国普查局。

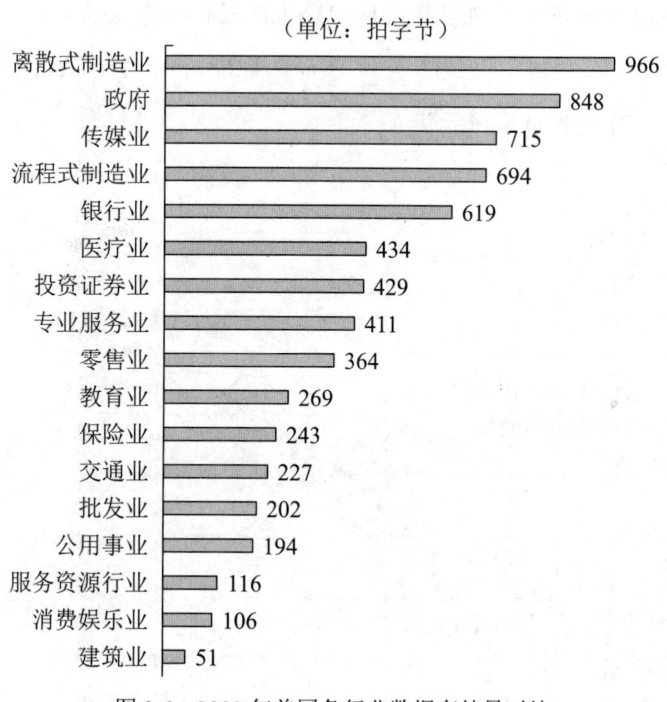

图 2.6　2009 年美国各行业数据存储量对比

（数据来源：International Data Corporation）

从前面章节的讲述中，不难看出，虽然人们对于数据的重要性早有认知，但是过去因为数据的收集、存储和处理技术的限制，一般认为数据量够用即可。直到计算机的出现和迅速发展，突破了这些技术上的瓶颈后，人们更加直观地体会到超大量的数据能带来意想

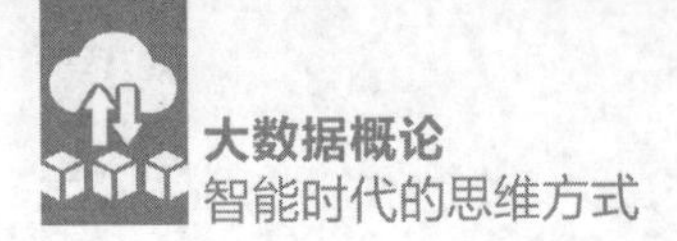

不到的惊喜，进而引发了各国各界对大数据的追捧。

现实中，总是有牛人能够在事情发生之前就给出比较准确的预言，能够在其他人无所适从时果断指出正确的方向。显然，英特尔公司[①]的创始人之一戈登·摩尔博士就是这类先知先觉的人。早在1965年，他通过考察计算机硬件的发展规律，提出了著名的“摩尔定律”：同一面积芯片上可容纳的晶体管数量，一到两年将增加一倍。也就是说，芯片的性能将提升一倍。换句话说，计算机硬件对数据的处理速度和存储能力，一到两年将提升一倍。

如图2.7所示，纵坐标为晶体管数量，横坐标为年份。该曲线表明，在1970—2022年，大概每两年相同面积的中央处理器集成电路上的晶体管数量就增加一倍。后来，大家又把这个周期调整为18个月，也意味着IT产品的性能每18个月会翻一番；或者说相同性能的IT产品每18个月价钱会降一半。

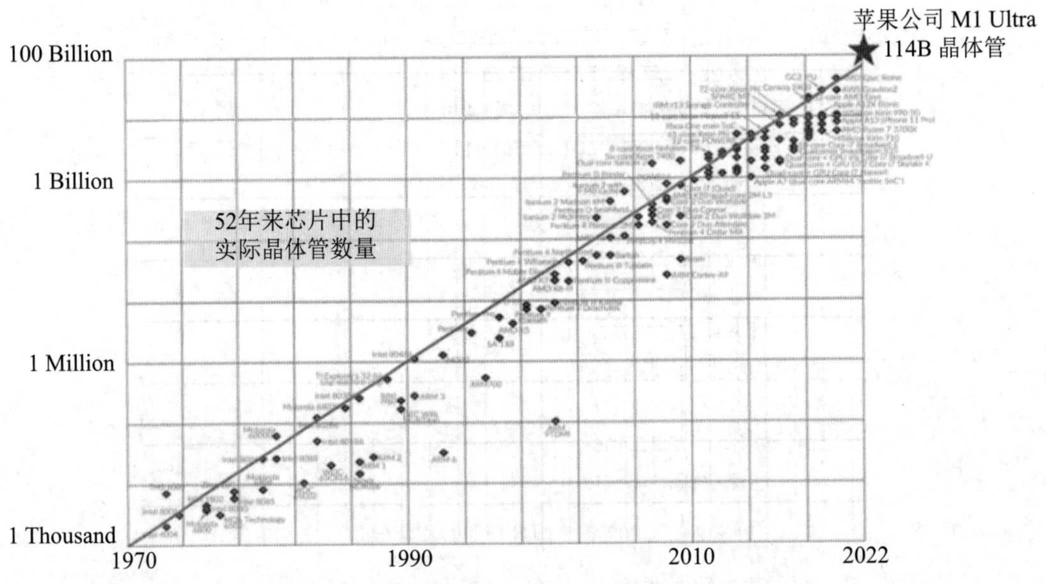

图2.7　1970年—2022年中央处理器上的晶体管数量（来源：维基百科）

---

① 英特尔（Intel）是美国一家以研制CPU为主的公司，是全球最大的个人计算机零件和CPU制造商，它成立于1968年，具有几十年产品创新和市场领导的历史。

如果单看数据存储方面的技术飞跃，甚至比摩尔总结的硬件发展速度还要快。从20世纪90年代以来，全世界的物理存储器，每9个月就增加一倍了！1976年，苹果PC的软盘容量只有160KB，大约能存下80页的中文书。时至今天，一款普通PC的硬盘容量至少也达到了1TB，这是当年苹果PC的600多万倍，足以存下北京大学图书馆所有藏书的内容。

随之而来的是，数据存储的价格也在不断下降：1960年，IBM推出的商用机硬盘，每存储1MB的数据需要花费3600美元；到了1993年，购买1MB的存储量只需大概1美元；2010年之后，这个价格接近0.005美元！可以说，存储器的价格在半个世纪里几乎下降到原来的亿分之一。预计在未来几年里，1TB硬盘的市场价格会下降为3美元左右，相当于在餐馆点一杯咖啡的价格。

主导IT行业发展的摩尔定律

摩尔定律已经成为描述一切呈指数级增长事物的代名词，它给人类社会带来的影响非常深远。在IT产业中，无论是晶体管数量、计算速度、网络速度、存储容量还是它们相应的价格，都遵循着摩尔定律。而世界经济的前五大行业——金融、IT、医疗制药、能源和日用消费品，只有IT一个行业可以以持续翻番的速度进步。要知道，连续翻番产生的规模远远超出了人们的想象。例如古代印度那个在棋盘上放入麦粒的故事[①]，只要后一个格子里的麦粒比前一个翻一番，仅仅几十次，数量就增长了万亿倍，甚至更多。

一方面，摩尔定律使得硬件价格大幅下降，功能越发强大，设备体积越来越小。原来“高大上”的产品，例如激光打印机、服务器、智能手机，已经逐渐从科研机构、大型企业进入了普通家庭。另一方面，摩尔定律也为信息产业的发展节奏设定了基本步调——如果一个IT企业今天和18个月前卖掉同样多的相同产品，它的营业额就要降一

① 古印度有个国王打算奖赏国际象棋的发明人，问他想要什么。他对国王说：“陛下，请您在这张棋盘的第1个小格里放1粒麦子，第2个小格里放2粒，第3小格放4粒，后面每一格都比前一格增加一倍。把这样摆满棋盘64格的麦粒都赏给您的仆人吧！”国王觉得这要求太容易满足了，就答应了。开始计数后，国王才发现：就算把全世界的麦子都拿来，也满足不了这位发明人的要求。

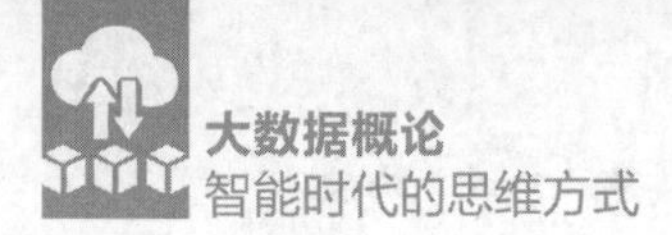

半（同样的劳动，只得到以前一半的收入）。所以，各个公司的研发必须针对多年后的市场进行技术创新，还必须在较短时间内开发出下一代产品，追赶上摩尔定律规定的更新速度。

2.1.3 数据管理的技术

前面讲到了随着计算机的发展，人类收集业务数据的能力越来越强，业务数据的增长也越来越快。但是有了数据之后，如何整理和使用这些数据就成了一个不容回避的话题。当然，计算机的操作系统中带有简单的数据管理软件，一般称为文件系统。文件系统可以把数据组织成相互独立的数据文件（如图 2.8 所示），保存在计算机的外存储器上，然后利用“按文件名访问，按记录进行存取”的管理技术，对文件进行修改、插入和删除的操作。

虽然文件系统比原始的人工管理方式要高级了很多，但是管理数据依然很不方便。图 2.8 展示的这个文件中数据很多，但结构不够规整、顺序有些杂乱。如果几十份甚至上百份这样的文档放在一起，需要一个一个地打开，从头至尾地查看。这样一来，就很难快速找到某个同学的某门课程成绩，更难计算出有多少个同学体重超过 80 千克、多少个同学高等数学不及格，等等。

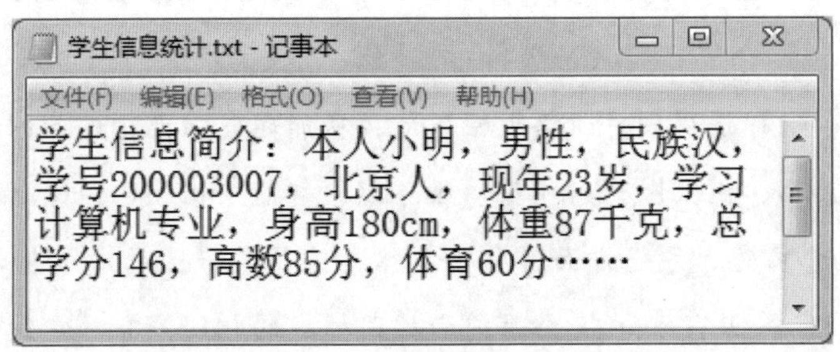

图 2.8　包含个人数据的文件（TXT）示例

此外，学校很可能在不同时期委托不同部门来收集类似的数据文件，这就导致学生的各种数据分别存放于各个不同部门的不同设备之中。如果某个工作人员想了解一个学生的学习成绩、补助额度和直系亲属的情况，那就得先从教务处的一堆学生成绩文件中找到并查看该学生的每门成绩，然后再从财务处的一堆学生财务文件中找到并查看该学生的补助记录，最后还要从学生处的一堆档案文件中找到并查看该学生的直系亲属信息。这一过程不仅耗费很多时间和精力，而且很容易遗漏。

随着数据的规模增大，数据的应用越来越广泛，人们就希望能够把数据独立出来进行专门管理，不仅让记录内部方便提取信息，而且记录整体也要有结构有联系，这就产生了数据库的概念。目前理论最成熟、使用最普及的就是“关系数据库”，它的理论模型是 IBM 研究院的埃德加•弗兰克•科德在 1970 年提出的。所以，科德被誉为“关系数据库之父”，并因为在数据库管理系统的理论和实践方面的杰出贡献于 1981 年获得图灵奖①。

从用户的观点看，关系模型由一组关系组成，每个关系的数据结构是一张规范化的二维表。以表 2-2 所示的学生基本信息登记表为例，这里可以简单了解一下关系模型中的一些术语。

- 关系：一个关系对应通常说的一张表，如表 2-2 所示。
- 元组：表中的一行，也就是一条记录，称为一个元组。
- 属性：表中的一列即为一个属性，给每一个属性起一个名字即属性名。如这张登记表有 6 列，对应 6 个属性（学号、姓名、年龄、性别、系名和年级）。
- 码：也称为码键。表中的某个属性，它可以唯一确定一个元组。如表 2-2 中的学号，可以唯一确定一个学生，也就成为本关系的码。
- 域：属性的取值范围，例如大学生年龄的域是 {14，15，…，38}，性别的域是 { 男，女 }，系名的域是一个学校所有系名的集合。
- 分量：元组中的一个属性值，或者说是一条记录的一个列值。

① 全称“A. M. 图灵奖（A. M Turing Award）”，由美国计算机协会于 1966 年设立，专门奖励那些对计算机事业做出重要贡献的个人。其名称取自计算机科学的先驱、英国科学家艾伦•麦席森•图灵。图灵奖对获奖条件要求极高，评奖程序又极严，是计算机界最负盛名、最崇高的一个奖项，有“计算机界的诺贝尔奖”之称。

表 2-2　学生基本信息登记表（关系模型的数据结构示例）

学号	姓名	年龄	性别	系名	年级
200003007	小明	23	男	计算机	2000
200003015	小红	22	女	经济学	2000
200004002	小强	21	男	数学	2000
…	…	…	…	…	…

关系模型要求关系必须是规范化的，即要求关系必须满足一定的规范条件，符合这些条件的数据可以称为“结构化数据”①。首先，所有元组的同一个属性的值必须类型相同，也就是说任何一列都只有一个数据类型。表 2-3 的两个元组的属性“专业”的值不是同一个数据类型：一个是字符串类型，另一个是数值类型，这就不符合关系模型的规范条件。

表 2-3　“属性值类型不统一”的示例

学号	姓名	性别	年龄	系别	专业	入学时间	班级
9527	张三	男	20	计算机	软件工程	2000 年	1 班
9529	李四	女	19	车辆	3	2001 年	2 班

还有一条非常重要的规范条件就是，关系的每一个分量必须是一个不可分的数据项，也就是说，不允许表中还有表。表 2-4 中“工资”和“扣除”都是可分的数据项，“工资”又分为“基本”“津贴”“职务”，“扣除”又分为“房租”和“水电”，这就不符合关系模型的要求。

表 2-4　“表中有表”的示例

职工号	姓名	职称	工资			扣除		实发
			基本	津贴	职务	房租	水电	
86051	陈平	讲师	1305	1200	50	160	112	2283
…	…	…	…	…	…	…	…	…

① 结构化数据是指存储在数据库当中、有统一结构和格式的数据，这种数据比较容易分析和处理。非结构化数据是指无法用数字或统一的结构来表示的信息，包括各种文档、图像、音频和视频等，这种数据没有统一的大小和格式，给整理和分析带来了更大的挑战。

可以把表 2-4 所展现的这种表称为“报表”，它虽然不满足规范条件，但往往是人们在工作生活中经常用到的，它可以由数据库中的“基本数据表”关联组合，最终呈现在用户的面前，如图 2.9 所示。从这里可以看出数据库的一个作用，那就是把“原始数据”格式化存储成一个一个符合关系模型的“基本数据表”，然后用这些基本数据表来关联组合成人们所需要的“统计报表”。

职工号	姓名	职称
86051	陈平	讲师
…	…	…

职工号	基本工资	津贴	职务补贴
86051	1305	1200	50
…	…	…	…

职工号	房租	水电
86051	160	112
…	…	…

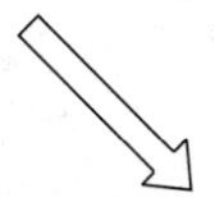
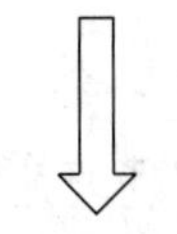

职工号	姓名	职称	工资			扣除		实发
			基本	津贴	职务	房租	水电	
86051	陈平	讲师	1305	1200	50	160	112	2283
…	…	…	…	…	…	…	…	…

图 2.9　通过查询数据库基本数据表生成统计报表

如何定义这些关系模型，如何存储这些“基本数据表”，如何掌握这些基本数据表之间的“关系”，如何对数据进行各种修改、插入和删除的操作，这些问题处理起来都需要专业化的技能和复杂的流程。此外，还会出现多个用户（或者应用程序）同时对数据库进行操作，甚至同时存取数据库中同一个数据的情况。这就需要一种系统软件，也就是人们常说的“数据库管理系统”，来帮助用户管理数据库。如图 2.10 所示，用户可以直接根据实际应用来发送命令操作数据（在抽象意义下处理数据），而不必顾及这些数据在计算机中的布局和物理位置，具体的技术细节和异常处理都交给数据库管理系统即可。

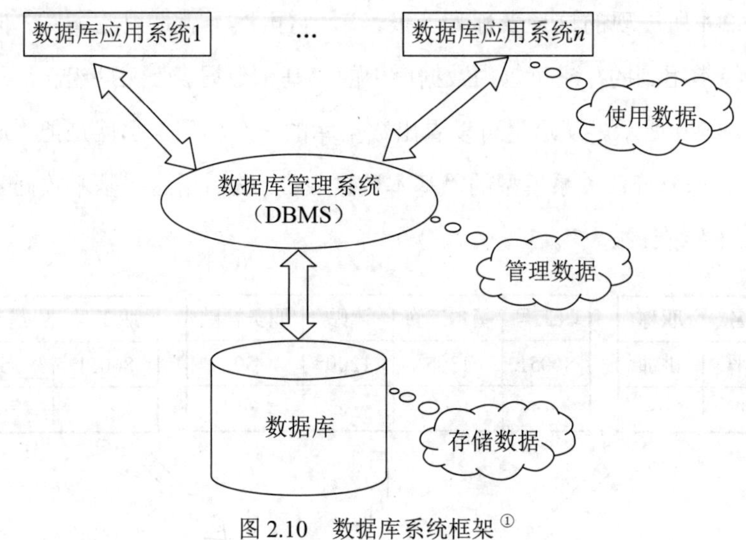

图 2.10　数据库系统框架[①]

浅谈数据的类型

在日常生活的使用中，我们经常看到各种形式的数据。它们之间到底有什么区别呢？可以按照它们的性质粗略地分为三个不同的类型：数值数据、类别数据和顺序数据。

（1）数值数据。指通过“测量获得的数字”，也是人们最熟悉的数据类型。例如，小明和小红的身高分别是 175cm 和 160cm，体重分别为 70kg 和 50kg。数值数据最为明显的特征，就是可以对它们进行直接的算术运算。对两位小朋友的身高进行简单的加减法（175cm −160cm = 15cm），就能得知小明要比小红高 15cm。

（2）类别数据。指“事物类别、状态的名称”，这种数据是文字的。例如，在购物网站上用鼠标点击那些商品类别——服装、数码、图书等，这些都可以看作那些商品的数据。因此，一件春季运动上衣的类别就是服装，而不可能出现在数码类别里。对于这些数据，同样可以用数字来进行表示，例如，用 1 来表示服装、用 2 来表示数码、用 3 来表示图书等。显然，这件春季运动上衣的类别就是 1。但无法通过直接的算术运算来获取信息，例如“服装 + 服装”（1+1），进而得出“两件服装等同于一件数码”，这就完全不靠谱了。

① 数据库系统一般由数据库、数据库管理系统及其开发工具、应用系统和数据库管理员组成。在一般不引起混淆的情况下常常把数据库系统简称为数据库。

（3）顺序数据。顾名思义，就是“按照顺序排列的属性”，也是文字的。例如，一年有春、夏、秋、冬四个季节，这四个季节之间是有顺序的，不能随意调整。同样，也可以用数字来表示，如果用1表示春天，那么2、3、4就必须分别表示夏天、秋天和冬天，因为这是有顺序的。再比如考试成绩的评级——A、B、C、D和E，也是有顺序的，不能随意打乱。当然，顺序数据也无法通过直接的算术运算来获取信息，就像“夏天＋秋天”或者“A－C”，是没有什么意义的。

2.2 互联网与行为数据

据统计，全世界超过一半的人口已经通过互联网连接到了一起。互联网已经不仅是一种将各种计算机连接到一起的技术，也不只是为人类提供全新通信方式的手段，而是从政治、经济、文化和生活上根本地改变了人们的社会，并且推动了人类文明的飞速进步。

互联网是世界经济的“晴雨表”和经济发展的“火车头”，但凡互联网产业有长足进步时，全世界的经济行情都是被人们大为看好的；互联网不仅方便了文化的传播，把好莱坞的电影、日韩的电视剧送到了中国观众面前，同时把中国的传统艺术带给了世界，而且产生了基于互联网的新文化，例如各种短视频和网红的直播节目；更为普遍的是，许多人已经可以通过网络在自己喜欢的任意时间和地点进行工作学习，还可以向网上更广泛的群体寻求帮助和分享快乐。

2.2.1 互联互通的开始

为了共享资源（例如打印机、扫描仪）和交换信息（传递文件、联机游戏），人们会把两台或两台以上的计算机相互连接，构成一个局域网（Local Area Network, LAN）。如图2.11（a）所示，可以认为局域网就是一种最简单、最基础的计算机网络。

世界上存在着很多个不同的局域网[①]，它们常常使用不同的软硬件，而一个局域网中的

① 有些文献中，还会把覆盖范围较大（达到一个城市）的局域网命名为城域网（Metropolitan Area Network，MAN）

人往往需要与另一个局域网中的人进行通信。为了做到这一点，那些互不兼容的局域网也要连接起来，这就构成了图 2.11（b）所示的互联网。

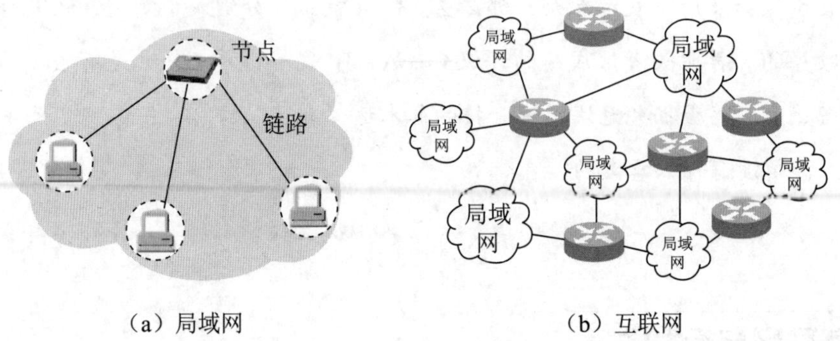

（a）局域网　　（b）互联网

图 2.11　计算机网络的拓扑结构

互联网的雏形是美国高级研究计划署（Advanced Research Projects Agency，ARPA）① 在 20 世纪 60 年代建立的阿帕网（ARPANET）。如图 2.12 所示，最早接入阿帕网的只有 4 个节点，即分布在斯坦福大学的斯坦福研究中心（SRI）、加州大学洛杉矶分校（UCLA）、加州大学圣巴巴拉分校（UCSB）及犹他州大学（UTAH）的 4 台大型计算机。

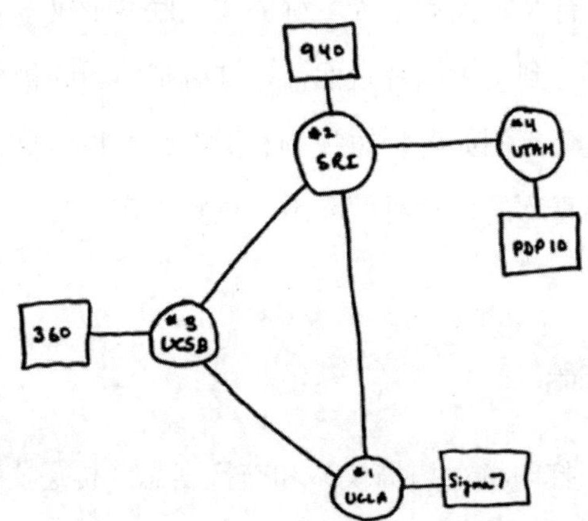

图 2.12　阿帕网的设计草图（早期的 4 个节点）

一年之后，阿帕网扩大到了 15 个节点，众多计算机纷纷被编制入网，平均每 20 天就

① 作为对苏联于 1957 年发射的 Sputnik（第一颗人造地球卫星）的直接反应，以及由此导致的恐惧（潜在的军事用途），美国国防部组建的一个研究和开发新的尖端科技的机构。

有一台大型计算机登录网络。1973年，阿帕网又跨越了大西洋，利用卫星技术与英国、挪威实现连接，世界范围内的互联互通已经提上了日程。

这个网络之所以有这么强的可扩展性，之所以增长速度如此之快，是因为它从一开始就被规划成一个分布式的、与传统事物不一样的结构（如图2.13所示）。正如阿帕网项目技术负责人拉里•罗伯茨所说："我们的观点是一致的，那就是分布式网络。因为如果你建立一个中心节点，把所有机器连起来，那么中心节点总会出问题，中心节点会过载并崩溃，因为流量过大，支持不了，我们不能建造那样的网络。如果今天的互联网是中心节点式的，那么我们的中心节点，需要美国整个国家那么大。"

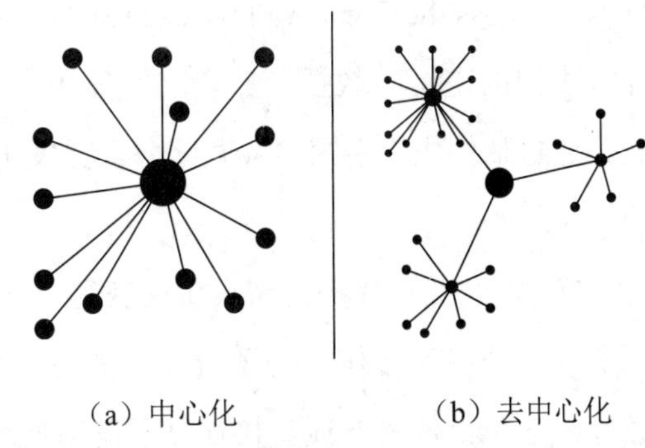

（a）中心化　　（b）去中心化

图2.13　中心化与去中心化的组织结构

互联网时代的"去中心化"

1995年，当时的一个互联网接入服务商Netcom公司的CEO Dave Garrison去法国说服投资者对互联网业务投资。这些法国投资者都有很好的商业头脑，也非常热衷于美国人搞的新东西，但是有一件事他们理解不了——谁是互联网的主席？Garrison解释说互联网是"网络的网络"，并没有集中的领导机构。可当时的法国人认为不管什么东西都肯定得有一个领导才能避免混乱，他们不明白去中心化（decentralization）这种结构，甚至认为双方的交流肯定出了翻译上的问题。最后Garrison被逼无奈之下，只得说他自己是互联网的主席。

互联网没有主席。整个互联网是一个开放的基础设施，所有计算机都可以接入和扩大它，并没有哪家公司或哪个国家拥有和指挥它。在互联网时代，去中心化的事物比比皆是：现在非常火的比特币，没有中央发行机构，任何人都可以自己开采和私下交易；维基百科的贡献者都是不要钱也不接受指定任务的志愿者；豆瓣上的兴趣小组在很大程度上是用户自我管理。没人指挥，几乎没人管理，这些东西却都发展壮大了。

虽然现在中国是互联网大国，但是起步相对欧美还是较晚的。1987 年 9 月 20 日 20 点 55 分，德国教授维纳·措恩[①]在北京的计算机应用技术研究所起草了一封电子邮件，主题为“Across the Great Wall we can reach every corner in the world.”（越过长城，走向世界），并与中国的王运丰教授一起署名后发出，成功地传到德国卡尔斯鲁厄大学的一台计算机上。这封邮件成为中国用互联网向世界发出的第一封电子邮件，开启了中国人使用互联网的新时代。

20 世纪 90 年代初，诺贝尔奖获得者、美籍物理学家丁肇中教授和中国科学院高能物理所开展了科研合作。为了方便双方每天及时汇报交流实验结果，经批准，高能物理所通过一条 64kb/s 的专线直接连到了美国斯坦福大学线性加速器实验室（SLAC），就这样，中国和互联网开始了最初的连接（虽然当时还只能访问美国指定的一些网站）。到了 1994 年 4 月 20 日，中国终于实现了与互联网的全功能连接，成为正式接入互联网的第 77 个国家。

互联网提供的大量服务都与数据相关，包括远程终端访问（允许一台机器上的用户登录到远程机器上，并进行工作）、文件传输（提供有效地将文件从一台机器上移动到另一台机器上的方法）、电子邮件传输（用于电子邮件的收发）、万维网访问（用于在万维网上获取主页）、域名服务（用于把主机名映射到网络地址）、网络文件系统（让多个客户主机透明地使用服务器上的文件和目录）和网络信息服务（集中管理系统通用访问文件），等等。其中，万维网[②]服务的地位尤为突出，被称为“互联网的灵魂”。

万维网并非某种特殊的计算机网络，而是无数个网络站点和网页（文件扩展名为 .html 或 .htm）的集合，它们构成了当今互联网最主要的部分。万维网的每一个文档都有唯一的标识符 URL（Uniform Resource Locator，统一资源定位符），在浏览器的地址栏中输入某个网页的 URL，也就是人们常说的网址，就可以打开这个网页，浏览它的信息。

---

① 1984 年 8 月 2 日，经过维纳·措恩的努力，德国首次接入国际互联网。为此，措恩于 2006 年获得德国总统亲自颁发的联邦十字勋章，被称为“德国互联网之父”。

② 万维网 WWW（World Wide Web），简称 Web 或 3W，中文名字为环球信息网。

如图 2.14 所示，网页中有些地方的文字是用特殊方式显示的（例如用不同的颜色，或添加了下画线），而当人们将鼠标移动到这些地方时，鼠标的箭头就变成了一只手的形状，这就表明这些地方有一个链接（有时也称为超链接）。如果在这些地方单击鼠标，就能获取另外一个网页的 URL 并跳转到该网页上进行浏览。万维网用链接的方法能非常方便地从互联网上的一个站点访问另一个站点，从而主动地按照用户需求获取丰富的信息，这种动动鼠标就能在不同网页之间跳转的方式被广大网民亲切地称为“网上冲浪”①。

图 2.14　一个网页的示例

显然，网页不是一个普通的文档，不仅文字有不同的格式（例如，用大号的字体表示标题，用带有下画线且颜色不同的字体表示链接），而且还有图形、图像、声音、动画和视频等大量媒体文件。于是，万维网使用一种超文本标记语言（Hypertext Mark-up Language, HTML）来告诉浏览器如何展示这些丰富多彩的内容。这就使得网页上的数据有了一定的结构，可以通过计算机程序来自动提取其标题、正文、链接，并区分出音频、图片和广告。但这也只是比一般文本（例如 TXT 和 Word 文档）更加规整，距离关系数据库中“结构化数据”还有着很大的差距，所以人们称之为“半结构化数据”。

① “网上冲浪”的英文短语“surfing the Internet”，首先由一个叫简•阿莫尔•泡利（Jean Armour Polly）的作家通过他的作品《网上冲浪》使这个概念被大众接受。

“感谢蒂姆”

1989 年仲夏之夜，英国计算机科学家蒂姆·伯纳斯·李开发出了世界上第一个 Web 服务器和第一个 Web 客户机，并在 12 月为他的发明正式定名为 World Wide Web，即人们熟悉的 WWW。1994 年，万维网联盟（World Wide Web Consortium，又称 W3C 理事会）在麻省理工学院计算机科学实验室成立，伯纳斯·李担任这个联盟的领导人，为万维网的发展继续贡献自己的力量。

在万维网大功告成之时，伯纳斯·李放弃了申请专利，将自己的创造无偿地贡献于全人类。因为对互联网的卓越贡献，英国女王伊丽莎白二世于 2004 年向伯纳斯·李颁发了大英帝国爵级司令勋章，美国国家科学院也在 2009 年选其为外籍院士。在 2012 年伦敦奥运会开幕典礼上，伯纳斯·李应邀来到了主体育场的中央，如图 2.15 所示。在全世界的瞩目下，他在自己当年构建万维网雏形的同型号计算机上，敲击出他对整个世界的呼唤：“This is for everyone（献给每一个人）”。

图 2.15　蒂姆·伯纳斯·李在伦敦奥运会开幕式上

2.2.2 全体网民的狂欢

早期的互联网上内容杂乱无章，人们很难迅速找到自己想要的数据。例如，如果你想了解一下本科高校今年的招生情况，但是你不知道有哪些网站是相关的，也不知道各个高校的网址，你只能通过咨询少数有经验的人或者直接打电话问相关部门，耗时费力且效率很低，这就是当年大多数网民一开始面对互联网时的境况。

作为斯坦福大学电机工程系博士生的杨致远和戴维·费罗并不是学习网络的专业人士，但他们和另外一个同学对互联网有着非比寻常的兴趣。1994 年，3 个人趁着教授学术休假[①]一年的机会，悄悄放下手上的研究工作，开始为互联网做了一个分类整理和查询网站的软件，这就是后来雅虎的技术基础。杨致远回忆当时的情景："我们想我们可以创建一个目录，就像黄页一样。我们可以收集网站，让全世界的人们提交他们的网站，告诉我们描述，然后我们可以创立（网站）分类，分类就是目录。然后我们就放在了学校用于研究的计算机上。"

这个目录工具做好之后，就被放在斯坦福大学校园网上供大家免费使用。互联网用户发现通过雅虎可以方便地找到自己想要的网站或有用的信息。这样，大家上网时会先访问雅虎，通过点击雅虎页面上的链接进入别的网站。如图 2.16 所示，门户网站的概念从此就诞生了。

Yahoo

[What's New? | What's Cool? | What's Popular? | A Random Link]

[*Yahoo* | Up | Search | Suggest | Add | Help]

- **Art***(619)*[new]
- **Bussiness***(8546)* [new]
- **Computers***(3266)* [new]
- **Economy***(898)* [new]
- **Education***(1839)* [new]
- **Entertainment***(8814)* [new]
- **Environment and Nature***(268)* [new]
- **Events***(64)* [new]
- **Government***(1226)* [new]
- **Health***(548)* [new]
- **Humanities***(226)* [new]
- **Law***(221)* [new]
- **News***(301)* [new]
- **Politics***(184)* [new]
- **Reference***(495)* [new]
- **Regional Information***(4597)* [new]
- **Science***(3289)* [new]
- **Social Science***(115)* [new]
- **Society and Culture***(933)* [new]

图 2.16 早期的雅虎主页（一个分类目录的样子）

① 学术休假（Sabbatical Leave）在发达国家是大学教师在职发展的一种重要而有效的制度形式，即所有教师在服务一定期限之后都可以申请享有的权利。一些大学还把学术休假作为教师的一项个人福利加以保障。

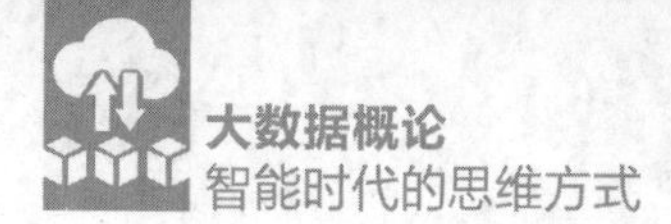

1994年秋天，全球联网的计算机也就是千万台的规模，而雅虎网站的日访问量就已经突破100万。1995年年初，雅虎网站日益增长的访问量，让学校的服务器和网络多次陷入瘫痪。校方只好请杨致远和费罗将网站搬走，正式成立了雅虎公司。雅虎在上市之后迅速成为互联网的第一品牌，全世界的互联网公司都以雅虎为榜样。两年之后的1997年，中国的三大门户网站——搜狐、新浪和网易——也相继成立。到了2000年，世界上流量最大的网站全部是门户网站。

可以说1994—2000年是互联网的大航海时代。各类网站不断大批量涌现，从政府部门、学校、公司到个人都在自建网站，原来通过各种报纸传递的信息，通过网页以更快的速度传播开来。互联网上的内容呈几何级数增加，人类真正进入了信息爆炸的时代。

在这一时期，以门户网站为代表的各大网站处于互动的主动一方，而用户处于被动的一方。门户网站除了提供上网的服务（雅虎和MSN都和电信公司一起提供DSL等用户上网服务），主要的网络应用（例如电子邮件、文件传输、分类目录）还负责提供内容。从信息的流向分析，总体来讲是从门户网站向二级网站以及用户推送，这和传统的媒体——报纸、广播和电视——完全相同，只不过知识信息的载体变成了互联网。

显然，网民（包括个人和团体）要想有发言权，最好的途径是自己创办网站，而有好的想法和技术并想通过互联网为社会提供任何服务，更是需要先办一个网站。2000年前后，全世界各种网站如雨后春笋般涌现出来。当然，互联网的商业基础——电子商务和在线广告，是无法支持这么多网站的，事实上全世界也不需要这么多网站，所以很多网站都是门可罗雀。过不了一年，当风险投资和通过上市融资得到的钱烧完之后，99%的网站也就都关门大吉了。

从2004年起，以Facebook、Twitter（推特）为代表的社交媒体相继问世，将互联网收集数据的能力提升到了一个新的台阶，人们称之为“互联网2.0”。互联网2.0公司一般具有以下三个特征：①必须有一个平台，可以接受并管理用户提交的内容，而且这些内容是服务的主体；②提供一个开放的平台，让用户可以在上面开发自己的应用程序，并且提供给其他用户使用；③也是最重要的一条，那就是非竞争性和自足性。

最早的互联网2.0公司，应该就是后来被谷歌收购的博客网站——Blogger。在互联网

1.0时代，能够让互联网用户发言的地方只有留言板BBS，但是这些留言板是围绕着主题而不是作者展开的，且管理权属于版主（版主有权删除他认为不合适的帖子），这让很多人感觉不爽。于是很多人就开始自己办网站，但是这需要掌握一定的专业知识并投入相当规模的人力物力来维护，常常难以为继。博客出现以后，那道门槛消失了，每个普通人都可以在互联网上拥有一块自己的空间，在这里自己就是所有者和管理者。人们相当于不用自己买设备、买软件、编代码就可以创办自己的报纸、杂志和出版社了。

另外一个很好的例子，就是美籍华人陈士骏在2005年创建的YouTube（后来也被谷歌收购了），这个全球最大的视频网站目前拥有接近20亿的用户。早期的一些网站也给用户上传的视频提供存储空间，但是只当作普通文件来处理，让用户把链接发给朋友，对此感兴趣的少数人必须等到夜深人静网络“不太忙”的时候下载到本地硬盘观看，极不方便。YouTube则不同，它在接受用户提交的视频时，也提供其他用户使用这些视频内容的工具。甚至可以像电视台一样，供用户在上面开设自己的频道。90多岁高龄的英国女王最喜欢这项功能，她不用再麻烦BBC一大帮人来帮她制作节目了，只需要自己在YouTube上开个频道，就可以随时向大家介绍英国王室的日常生活。

在互联网2.0时代，强调的是信息交互的双向流动和信息发布的“制播分离”。概括地讲，就是每一个人或者公司都专心做自己所擅长的事情，然后分工合作、相互促进。如果你擅长做内容，那么就专注于生产内容（如文章或视频），放到博客或者YouTube上。如果你擅长做服务，那么就把它变成大家需求的应用软件和应用服务，放到Facebook上。这样一来，用户就可以发挥特长，心无旁骛，而不需要做很多自己不在行的事情（例如演员搭建网站）。作为在信息技术和产品上实力强大的公司，例如谷歌和Facebook，就专注于做好平台，为大家提供稳定的网络基础服务。互联网2.0时代，整个互联网产业变得更加合理有序。

微博改变中国

在中国，互联网2.0的最好代表是微博。相比美国最早的微博服务——推特，中国的新浪微博和腾讯微博虽然起步稍晚，但是却有了十足的创新。在其他国家，微博的社交性较强而媒体特征很弱，虽然它有几次及时地发布了传统媒体传不出来的一些新消息，但这种情况并不多。平时大家还是通过电视、在线视频和报纸获得第一手新闻。但是在中国则不同，微博成为老百姓获得准确消息最好的方式。

可以说，微博成为中国民众最喜闻乐见的新闻渠道，对传统的门户网站和新闻媒体都造成了极大的冲击。同时，中国老百姓在微博上也非常活跃。在美国，一个博主能有一两万粉丝就不错了，好莱坞大腕儿汤姆·克鲁斯（Tom Cruise）也不过400万粉丝，连中国大V几千万粉丝的零头都不到。正是由于这种可互动媒体的出现，很多原来注意不到的社会问题逐渐得到了关注，普通群众对社会的责任感也明显提高。在中国，微博实实在在地改变了大家的生活方式，对整个社会产生了巨大的影响。

社交媒体不仅把交流和协同的功能推到了一个登峰造极的高度，而且给全世界的网民提供了一个平台，使其随时随地都可以记录自己的想法和行为，这种记录就在贡献一种数据——“行为数据”。在惜墨如金的岁月里，只有那些不平凡的形象和事迹才有可能流传下来，于是，过去的史书文献会被认为是伟人的自传。如此波澜壮阔的历史长河，却在整体上泯灭了一代又一代的普通人。在翻开为数不多的民间笔记和长篇小说时，人们才能偶尔窥见那个时代普通人的饮食、衣着、出行、劳作……

互联网2.0到来后，全世界的网民都开始成为数据的生产者，每个人都如同自己世界里的“史官”，发状态、写微博、聊微信、秀照片，记录着各自的活动和行为……如图2.17所示，视觉资本[①]上的这个图形通过数据可视化技术，形象地展示了一分钟之内全体网民在互联网世界里做了多少事情：发出了共计1810万条短信和1.88亿封电子邮件；谷歌搜索引擎处理了380万条搜索；直播平台Twitch上新增了100万次浏览量；通过Whatsapp和Facebook Messenger发出多达4160万条信息；在苹果和安卓的应用商店里发生了超过39万次应用下载；还有8万多人在推特上发表了自己的感言……

① 视觉资本（Visual Capitalist）是一个成立于2011年的可视化数据平台，让用户通过独家的信息图表的方式来了解事物的本质，让复杂的问题和流程用数据说话，通过数据看本质。

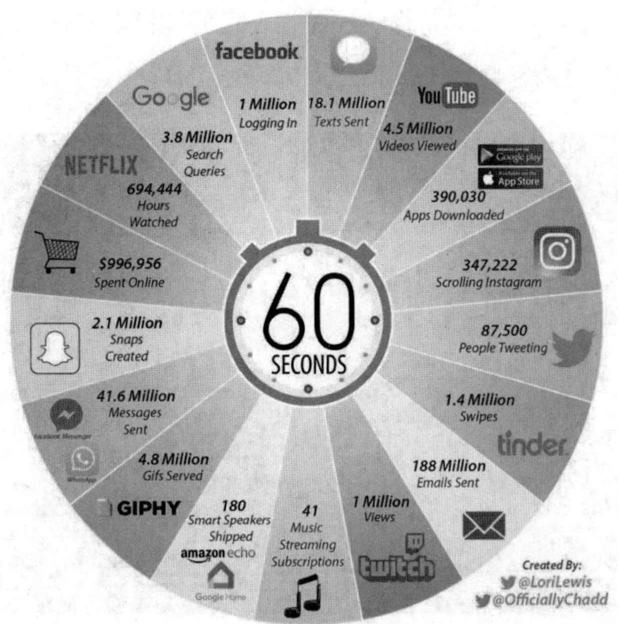

图 2.17　互联网一分钟里发生了多少事情（来源：Lori Lewis、Officially Chadd，2019 年）

2.2.3　随时随地的连接

2007—2008 年这短短两年内，包括中国在内的 40 多个国家都开始了移动网络从 2G 或 2.5G 向 3G 的升级，网络速度的增快和上网费用的下降给移动互联网的发展铺平了道路。与此同时，苹果和谷歌也先后进入了智能手机市场，iPhone 手机和安卓系统的问世在客观上也推动了互联网的移动化。

由于屏幕较小，智能手机的输入和观看受到了很大的限制，PC 的一些功能无法在上面实现，但是苹果公司的 CEO 乔布斯似乎早就想到了这一点。2010 年初，苹果公司又推出了一款对 PC 冲击更大的移动终端——触摸式平板电脑 iPad，你既可以把它看成放大了的手机，也可以把它看成没有键盘的笔记本。

随着三星、HTC 以及后来的联想、华为等公司分别推出了基于安卓系统的智能手机和平板电脑，今天的人们使用移动终端的时间越来越长，似乎更习惯于苹果操作系统 iOS 和安卓的用户界面，以至于微软在 Windows 8 之后的操作系统中也不得不使用类似的界面

（如图 2.18 所示），而且各个 PC 厂商也纷纷把自己的笔记本和台式机的显示器做成触摸屏。智能终端开始反过来影响 PC 市场，这种态势不可逆转。

图 2.18　Windows 8 之后的视窗界面和智能终端统一风格

到了 2012 年，互联网乃至整个 IT 行业的格局有了巨大的变化。这一年，发生了两件事情：一是全球 PC 销量首度下滑（如图 2.19 所示），而智能终端的销量让人瞠目结舌：这一年仅仅智能手机的销量就高达 9.1 亿部，远远超过了 PC 的 3.5 亿台。二是为移动设备提供芯片的高通公司超过了为 PC 提供处理器的英特尔公司，成为全球市值最大的半导体公司。

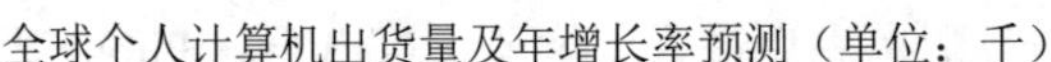

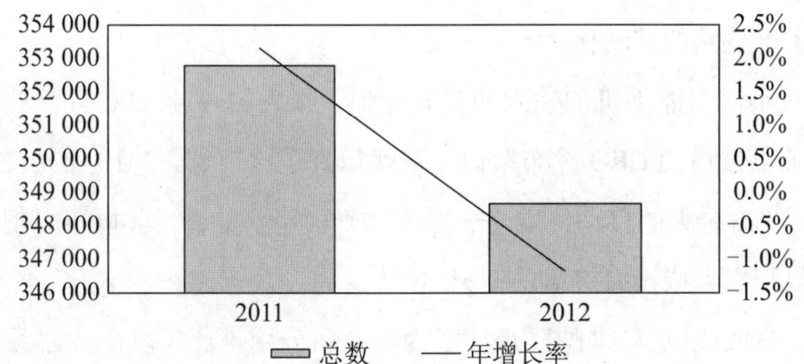

图 2.19　2012 年 PC 销量首次下降

这两件事情标志着以微软的Windows操作系统和英特尔的CPU为核心、主导了IT行业长达20多年的PC时代结束了，从PC时代到移动时代的新旧交替已经完成。曾几何时，绝大多数人都认为英特尔和微软搭建的WinTel体系是无法撼动的，但到了21世纪的第二个十年，这座大厦在不知不觉中就坍塌了。

另一个格局变化是，在互联网2.0时代发展落后于Facebook的谷歌公司重新获得了竞争优势，因为它基于移动互联网的Google Play应用软件平台（以及苹果的App Store平台）很大程度取代了原来Facebook的应用软件平台。越来越多的人使用移动设备上的应用软件，越来越多的开发者从PC平台转移到手机和平板电脑上。

移动互联网不仅改变了IT行业的格局，也改变了人们的上网习惯——从PC转移到了手机上，从连续几个小时坐在计算机桌前转变为用碎片时间上网，这使得收集用户行为数据的能力得到了进一步的加强。在此之前，人们有很明显的现实世界和虚拟世界之分。当人们通过PC连接上网，在很大程度上进入了一个虚拟的世界，和日常生活脱钩。而一旦从PC上离开，例如走出办公室或机房，人们就离开了互联网。

如图2.20所示，从本质上讲，早期的互联网连接的是计算机，而网上的每一台机器并不是时时刻刻对应着每一个人。但是现在不同了，绝大多数的移动设备（例如手机）都是和个人紧密联系在一起的，当互联网连上了这个设备，就等于将这个人连进了互联网。除了智能手机和平板电脑之外，各种可穿戴设备（例如智能手表、谷歌眼镜等）也会将人和互联网更加紧密地联系在一起，人们无须刻意登录，随时随地都在网上。

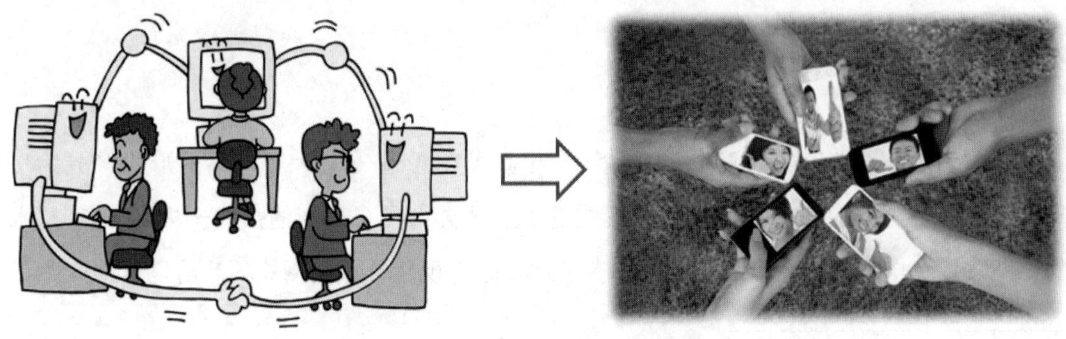

图2.20　从计算机的网络到人的网络

从 QQ 到微信

中国的腾讯公司成名于它的一款 PC 上的应用软件——腾讯即时通信（Tencent Instant Messenger，简称 TM 或腾讯 QQ），其合理的设计、良好的应用、强大的功能、稳定高效的系统运行，赢得了用户的青睐。其实，国际上早先已经有一款类似的聊天工具叫 ICQ，意思是 I seek you（我寻找你）。腾讯不仅模仿了它的内容，而且在其名字前加了一个字母 O，成了 opening I seek you，意思是“开放的 ICQ”。后来被指侵权，于是腾讯老板马化腾就把 OICQ 改了名字叫 QQ①。QQ 的出现满足了中国人的社交需求，所以使用人数猛增：2000 年 4 月，用户注册数达 500 万；2001 年 2 月，增至 5000 万；2002 年 3 月，突破 1 亿大关；2004 年 4 月，用户数再创高峰，突破 3 亿；2009 年，成为世界上唯一一个有超过 10 亿用户的聊天工具。

面对着 QQ 取得的巨大成功，腾讯公司居安思危，于 2010 年 10 月开始筹划打造移动互联网时代的 QQ——微信。这款原创于中国的手机通信产品，对人们的很多帮助是过去 PC 互联网的各种服务所做不到的。它不仅聚集了人们能想到的各种通信方式，文字、语音、图像、视频、游戏、应用软件，而且是一个很好、很方便的移动社交平台。截至 2023 年第二季度，微信及 WeChat 的合并月活跃用户达到 13.27 亿。如果不是因为腾讯公司缺乏国际化经验等因素制约，微信已经可以在全球挑战 Facebook 了。

2.3 物联网与环境数据

美国南加州大学传播学院教授曼纽尔·卡斯特尔说过一句话：“网络的形式将成为贯穿一切事物的形式，正如工业组织的形式是工业社会内贯穿一切的形式一样。”随着技术的不断发展，电信网络和有线电视网络有了逐渐融入现代计算机网络的趋势，这就产生了

① 虽然名字发生了变化，腾讯 QQ 的标志却一直没有改，一直是小企鹅。标志中的小企鹅很可爱迷人而且很受女生的青睐，用英语来说就是 cute，而 cute 和 Q 又是谐音的，所以小企鹅配 QQ 是一个很好的名字。

“网络融合”[①] 的概念。这样一来，电话、电视和计算机一样，都可以成为互联网上的设备，给人们提供更加丰富多彩的服务内容。

在“三网融合”逐步落实的过程中，人们想着：既然电话、电视都连上互联网了，不如把汽车也连接上吧。于是，“车联网”的概念隐约浮现出来。同时，科技界和产业界也展现出了更大的野心：跳过了一个一个地配置“飞机联网”“冰箱联网”“房子联网”，而是直接把世间万物都连接进来。如图 2.21 所示，这个包罗万象的网络就叫作“物联网”（Internet of Things，IoT）。

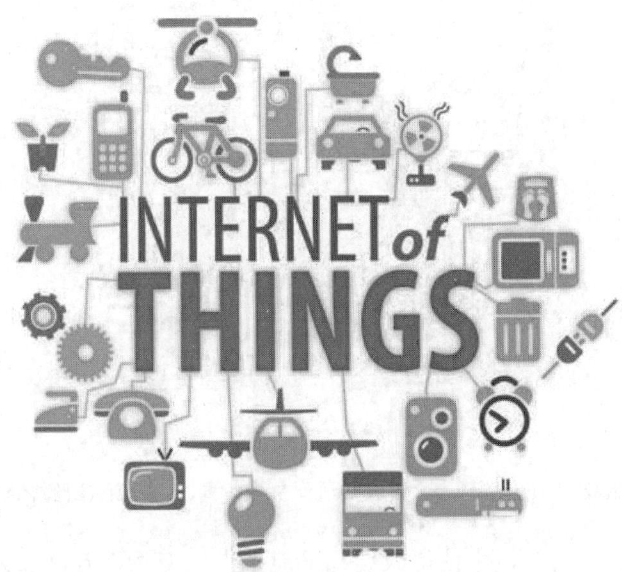

图 2.21 “物物互联”的网络

2.3.1 给万物打上标签

1993 年 7 月 5 日，《纽约客》[②] 上刊登了一则漫画，一只坐在计算机前的狗对蹲在地

① 网络融合的核心思想就是三大网络通过技术改造，其技术功能趋于一致，业务范围趋于相同，网络互联互通、资源共享，能为用户提供语音、数据和广播电视等多种服务。这并不意味着三大网络的物理合一，而主要是指高层业务应用的融合。

② 《纽约客》（*The New Yorker*），也译作《纽约人》，是一份美国知识、文艺类的综合杂志。《纽约客》创刊时每周一期，后改为每年出版 47 期，其中 5 期是双周刊。《纽约客》现由康得纳斯出版公司出版。

板上的另一只狗说:“在互联网上，没人知道你是一条狗”（On the Internet, nobody knows you’re a dog）。如图 2.22 所示，这幅漫画在发布之初并没有受到太多的关注，但是随着网络的兴起，却越来越为人们所喜爱，其标题也成为妇孺皆知的名句。深入思考之后，可以发现它形象地揭示了网络的“隐匿性”。在虚拟世界里，人们很难识别出对方的真正身份。

图 2.22 “在互联网上，没人知道你是一条狗”（来源:《纽约客》）

到了物联网时代，新的技术使得人们几乎能把世间万物都互联起来。这时候，每个 IP 地址的背后不仅是大型服务器或个人计算机了，还有可能是家用电器、交通工具、桌椅板凳甚至动物植物。于是，一个问题日益凸显出来：网络上正在向你提供数据的到底是什么？它从哪里来？它要向哪里去？

正如通过身份证号可以毫无疑义地辨识一个人一样，人们完全可以给所有的物品进行编号。当然，这个编号还要很容易地被机器自动识别出来。说到这里，你可能已经猜到了下面将要提及的这种技术，那就是超市里用来快速处理商品信息的条形码技术。

条形码，或简称条码，是由一组规则排列的“条”（黑条）、“空”（白条）以及对应的字符组成的标记。这些“条”和“空”按照一定的规则组成，可以表示一定的信息。当使用专门的条形码识别设备，例如，使用手持式条形码扫描器扫描这些条码时，条码中包含的信息就可以转换成计算机可以识别的数据。目前市场上常见的条形码，所包含的信息是一串数字或字母，如图 2.23 所示。

（a）条形码

（b）扫描器

图 2.23　条形码与扫描器示例

条形码技术具有速度快、精度高、成本低、可靠性强等优点，被广泛应用于各行各业，尤其是超市商品和快递货物上面。几十年来，它给人们的工作、生活带来的巨大变化是有目共睹的。

但这种条形码也有着无法克服的缺点，就是信息容量比较小、信息类型单一。商品上的条码一般仅能容纳十几个阿拉伯数字或字母，因此只是商品的编号而已，不包含对于相关商品的具体描述（生产国、制造商、产品名称、生产日期）。只有在数据库的辅助下，人们才能通过扫码得到商品的详细信息。换言之，如果离开了预先建立的数据库，条形码所包含的信息丰富程度将会大打折扣。由于这个原因，在没有数据库支持或者联网不方便的地方，其使用就受到了相当的限制。

如图 2.24 所示，仔细观察一下这种条形码，会发现它只能在一个方向（水平方向）上存储信息，在垂直方向上并不含有信息。这不仅是一个严重的空间浪费，也直接导致了其存储量不够大！因此，这种只在一个方向上存储信息的条形码，人们称之为“一维条形码”，简称“条形码”或“条码”。而能够在两个方向上都存储信息的“升级版”条形码，人们称之为“二维条形码”，简称“二维码”。

图 2.24 一维条形码与二维条形码的区别

当然，二维条形码的工作原理与一维条形码还是类似的，在进行识别时，将二维条形码打印在纸带上，阅读条形码符号所包含的信息，需要一个扫描装置和译码装置，统称为阅读器。阅读器的功能就是把条形码条符宽度、间隔等空间信号转换成不同的输出信号，再进一步转化成二进制编码输入计算机处理。

与一维条形码相比，二维条形码具有以下几方面的优势：①存储容量大，可以存储上千个字符信息，不仅可应用于处理英文、数字、汉字、记号等，甚至空白也可以处理；②容错能力强，即使受损程度高达 50%，仍然能够解读出原数据，误读率仅为六千一百万分之一；③安全性高，在二维条形码中采用了加密技术，保密性、防伪性都大幅度提高；④方便灵活，经传真和影印后仍然可以使用，还可以进行彩色印刷。

虽然二维码比一维条形码的功能更加强大，应用场景也更为广泛。但作为“有形”的条形码，它们都无法克服与生俱来的固有缺点。

（1）读取信息的限制条件多。一是明暗程度，读取信息需要很好的光线，大部分人都有这样的体验：夜晚在角落里找到一辆共享单车，不得不打开手电，才能扫码开启；二是运动状态，最好让阅读器和条形码处于相对静止的状态，如果你站在路边扫飞驰而过的公交上的条形码，几乎是不可能成功的；三是操作手法，阅读器要近距离直视条形码，如果两者之间距离较远或者角度较偏，很可能导致扫码失败。

（2）存储信息的限制条件多。一维条形码只有十几个字符的存储量，二维码虽然可以存储上千个不同种类的字符，但对于现代社会的应用来说，还是不够的；条形码一旦生成就不可更新，之后的用户没有办法动态改变其包含的信息，这极不利于添加内容和回收使用。

（3）使用场景的限制条件多。条形码一次只能读取一个，不可以同时读取多个，不适合火车乘客出站或者汽车通过高速收费站的情形；条形码必须暴露在表面，阅读器没有办法读取包装盒内的条形码，不适合统计集装箱内物品种类和数量的情形；条形码有明显的几何图案，即使是在色彩样式上更加丰富的二维码，也可以轻易看出来，所以不适合用在人和其他非卖品上面。

那么，有没有哪种信息技术，既继承了二维条形码的优点，又克服了它的那些固有缺点呢？一种条形码技术的替代品——射频识别（Radio Frequency Identification, RFID）技术，它以近乎疯狂的速度席卷全球，预示着一场影响深远的革命就要来临。

射频识别，又称无线射频识别、感应式电子晶片、近接卡、感应卡、非接触卡、电子条码，生活中最常见的名称还是“电子标签”。这是一种无线通信技术，可以通过无线电信号识别特定目标并读写相关数据，而无须识别系统与特定目标之间建立机械或者光学接触。用通俗的话来说，就是它的标签和阅读器无须接触便可完成识别，而且通过电子芯片能够存储数量巨大的“无形”信息。

RFID 源于军事领域的雷达技术，所以其工作原理和雷达极为相似。RFID 系统主要由读写器、天线和标签三大组件构成，如图 2.25 所示。工作时，读写器先通过天线发出电子信号，电子标签接收到信号后发射内部存储的标识信息，读写器再通过天线接收并识别电子标签发回的信息，最后读写器再将识别结果发送给计算机。

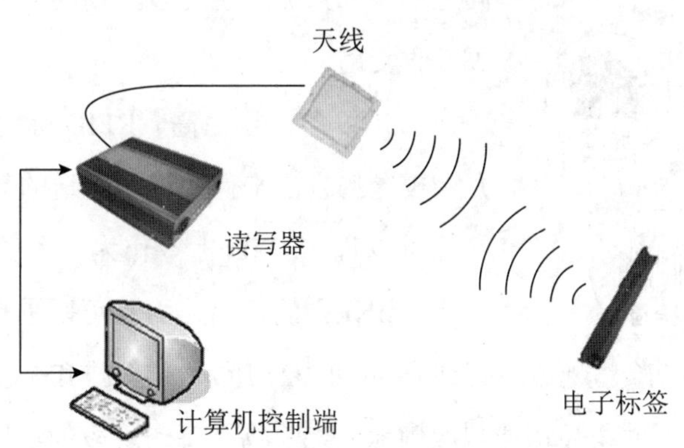

图 2.25　一个简易架构的 RFID 系统

与条形码相比，RFID 标签具有以下几方面的优势。

（1）体积小且形状多样。如图 2.26 所示，RFID 标签在读取信息方面并不受尺寸大小与形状的限制，不需要为了读取精度而配合纸张的固定尺寸和印刷品质。

图 2.26　各式各样的 RFID 标签

（2）距离远且穿透性强。内部携带电源的 RFID 标签①可以进行远达百米的通信，这是条形码无法做到的。而且在被纸张、木材和塑料等非金属或非透明的材质包裹的情况下也可以进行穿透性通信。

（3）适用于多种复杂环境。条形码需要在良好的光线照射下使用，而 RFID 标签在黑暗中也能够被读取；条形码需要在静止的状态下逐一读取，而 RFID 标签可以在运动的状态下同时读取多个；条形码容易被污损而影响识别，但 RFID 标签对水、油等物质有极强的抗污染性。

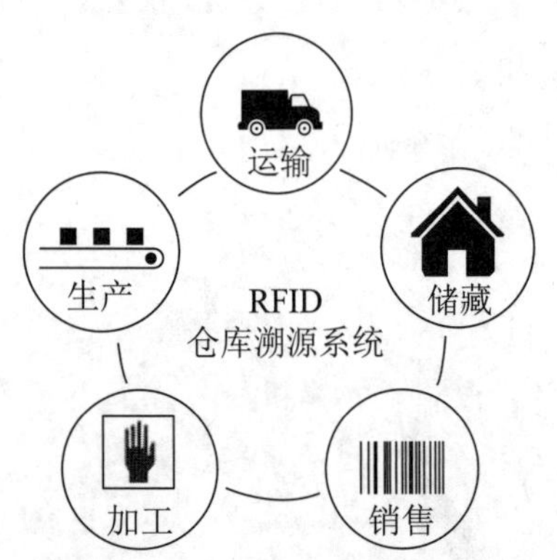

图 2.27　基于 RFID 技术的货物溯源

（4）可重复使用。RFID 标签具有读写功能，可以向里面添加数据。也可以重新覆盖其中的内容，因此便于回收复用。

（5）数据安全性高。RFID 标签内的数据通过循环冗余校验的方法来保证标签发送的数据准确性。

可以说，RFID 标签作为一种数据载体，不仅能够起到标识识别的作用，而且可以进行更方便、更细致的记录。如图 2.27 所示，以 RFID 技术为基础构建的管理信息系统，使得每一件物品都能被准确地追踪，物品每一阶段的经历都可以被详细地追

① 根据是否内部携带电源，可以把 RFID 标签分为有源标签和无源标签两种。有源标签体积稍大、价格稍高，可以主动向四周进行周期性广播，通信距离远。无源标签相对便宜，需要接收读写器发出的电磁波进行驱动，通信距离也较近。

溯。于是，在交通、物流、医疗、制造、零售、国防等诸多领域里都进行了广泛的应用。例如，不停车收费系统 ETC（Electronic Toll Collection）、住宅小区的门禁卡、手机里的 NFC（Near Field Communication）、医疗系统的智能手环……

2.3.2 全面深入的感知

人类之所以能够了解周围的环境、感知这个世界，主要归功于感觉器官：眼、耳、鼻、舌、皮肤等。如图 2.28 所示，它们将获取的外界信息通过神经传入大脑，使得人们具备了视觉、听觉、嗅觉、味觉和触觉。因此，人们希望各种机器设备也能自动地测量环境、感知外界，并将可靠的信息传递给人们，于是发明了“传感器”。

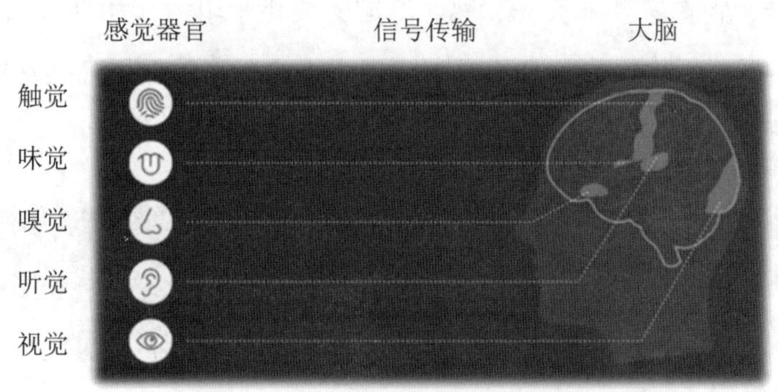

图 2.28　五种外部感觉器官的形成机理

传感器这类工具由来已久，非但不是什么新鲜事物，还可以说是“老古董”。举几个常见的例子：人们通过皮肤来感受外界的冷热，常常出现较大的偏差，而温度计这种传感器就可以精确地告诉人们某时某地的温度；人们通过耳朵来采集周围的声音，生怕错过一些聆听的机会，而录音机这种传感器就可以把美妙的声音存放起来供远方的人们一饱耳福；人们通过眼睛来观察物体的外形和动作，正所谓“眼见为实”，而摄像机这种传感器就可以记录下影像让所有人一起见证……

此外，人类的感觉器官能力极其有限，远远不能满足时代发展的需求。例如，人们无法直接察觉地球磁场的方向，而指南针这类传感器就能够快速稳定地标识南北；人们在一片漆黑之中伸手不见五指，而夜视仪和雷达这类传感器就能够在黑暗中发现可疑的目标；

人类无法准确识别羽毛之轻和大象之重，而电子秤这类传感器就能够把上至千吨下至毫克的质量辨别得清清楚楚……

还有一些异常恶劣的环境，例如地质灾害（洪水、地震、火山）发生地、生产事故（矿井渗水、瓦斯爆炸、核泄漏）现场、科研探索对象（海洋深处、地球内部、外星球表面），往往并不适合人类以身涉险。这个时候，人们更希望各种机器设备能“感知”那里的真实状况，代替人类去考察这些地方，获取第一手的资料。

传感器不仅模拟了人类的感知能力，而且进一步拓展了人类的感知能力。可以说，作为信息获取的重要手段，传感器技术、通信技术与计算机技术共同构成了信息技术的三大支柱。

到底什么是传感器？学术界是这样定义[①]的：一种物理装置或生物器官，能够探测、感受外界的信号、物理条件（如光、热、湿度）或化学组成（如烟雾），并将探知的信息传递给其他装置或器官。为了便于进一步理解，这里简单介绍几类常用的传感器（如图 2.29 所示，分别对应于人类感觉器官的几种功能）。

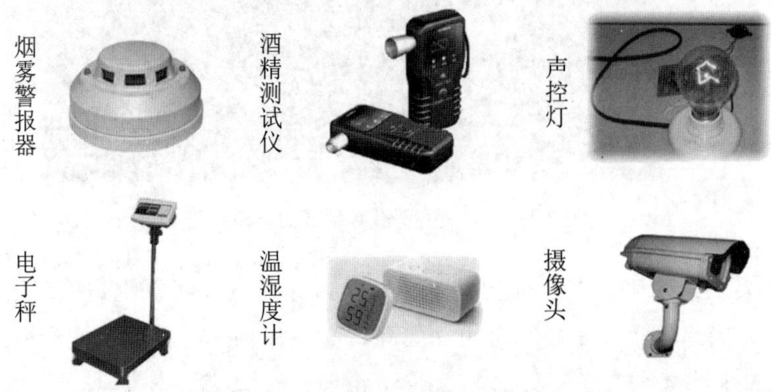

图 2.29　传感器在日常生活中的应用

（1）光敏传感器（视觉）。光敏传感器是目前产量最多、应用最广的一大类传感器。光敏传感器中最基本的电子器件是光敏电阻，它能感应光线的明暗变化，输出微弱的电信号，进一步控制其他设备的开关。主要应用于太阳能草坪灯、光控小夜灯、光控玩具、光控音乐盒、生日音乐蜡烛、人体感应开关、摄像头、照相机、监控器等电子产品的自动控

① 国家标准《传感器通用术语》（GB/T 7665-2005）中对传感器的定义是：能感受被测量并按照一定的规律转换成可用输出信号的器件或装置，通常由敏感元件和转换元件组成。

制领域。

（2）声敏传感器（听觉）。很多地方都在使用声控灯照明，一是节约用电，二是操作方便（不必在黑暗中寻找开关）。人们可以通过不同的方式（咳嗽、拍手、跺脚等）让声控灯发光照明。但有一点是相同的：不管采用何种方法，一定要发出声音才可以。当然，在光线充足时，任你发出多大的声音都不亮，这说明声控灯的控制盒里既有声敏传感器也有光敏传感器。

（3）气敏传感器（嗅觉）。气敏传感器将气体种类及其与浓度有关的信息转换成电信号，根据这些电信号的强弱就可以获得与待测气体在环境中的存在情况有关的信息。它的应用主要有：一氧化碳气体的检测、瓦斯气体的检测、煤气的检测、呼气中乙醇的检测、人体口腔口臭的检测等。

（4）味觉传感器（味觉）。味觉传感器不仅可以区分甜、咸、酸、苦、鲜五种基本味道，量化它们的浓淡程度，还可以“品尝”组合之后的复杂味道。目前，味觉传感器除了应用于食品开发及品质管理、药品研制外，还用来分析唾液，了解齿槽脓漏、糖尿病、应激反应等健康状态。

（5）压力、温度、湿度传感器（触觉）。压力传感器是生产生活中尤为常见的一种传感器，例如电子秤。一旦物体放到秤盘上，压力施加给传感器，就可以在电子屏上自动显示出物体的质量；温度传感器能感受温度并转换成可用的输出信号，是温度测量仪表的核心部分，被广泛应用于热水器、电冰箱、厨房设备、空调、汽车等产品；湿度传感器能够量化空气中的水汽多少，可以满足气象、环保、工农业生产、航天等部门对环境湿度进行测量控制的需要。

随着技术的进步，手机已经不再是一个简单的通信工具，而是具有综合功能的便携式电子设备。为了和过去主要用于打电话发短信的“功能机”相区分，人们把现在的手机称为“智能机”。

智能手机之所以“智能”，一方面是它像个人计算机一样，能够接入互联网，具有独立的操作系统，可以由用户自行安装卸载办公、社交、游戏等个性化软件；另一方面就是它就像“活的”一样，能够“观察”人们的日常行为，可以主动做出相应的反应。后者的实现，主要就是归功于各种不同的传感器，如图 2.30 所示。

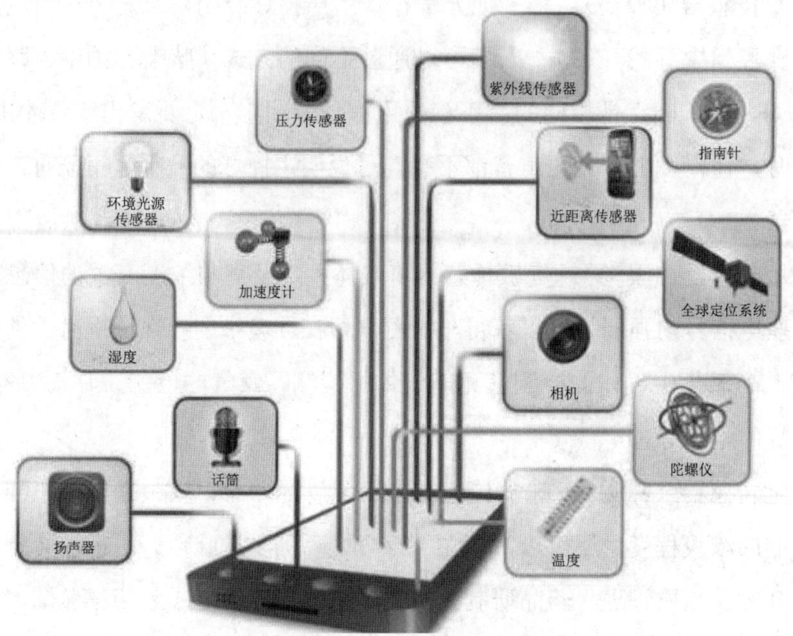

图 2.30　智能手机中的各种传感器

智能手机可以根据周围光线强弱自动改变屏幕亮度。当环境亮度高时（比如白天），显示屏亮度会相应调高；当环境亮度低时（比如夜晚），显示屏亮度也会相应调低。这正是因为手机内置了光线传感器，所以能够使得屏幕看得更清楚，并且不刺眼。在一些高端智能机里面，光线传感器还可以帮助优化显示屏的画面质量。

智能手机能够判断物体的位置。当你接听电话时，手机能够察觉你的耳朵靠近听筒，就会自动关闭显示屏，防止用户因误操作影响通话，同时还能达到省电的目的。这是因为在听筒附近有一个距离传感器，它由一个红外 LED 灯和红外辐射光线探测器构成。也可以用于皮套、口袋模式下自动实现解锁与锁屏动作，在一些高端智能机中还可以实现“快速一览”① 等特殊功能。

智能手机还会自动旋转屏幕。当你倒持手机时，手机会根据握持方向的改变而调整画

① 一项非常方便实用的功能。在屏幕关闭时，你的手在传感器上方移动 2 ～ 3 秒便会出现一个界面，上面显示时间、未接来电、短信、电量等手机的基本状态。

面方向，让画面自动适应用户的观看。这主要是依靠重力传感器和加速度传感器（两者原理类似，都利用了压电效应）。它们不仅可以调整拍照时的照片朝向、应用于重力感应类游戏（如滚钢珠），还可以监测手机的加速度的大小和方向，从而计算用户所走的步数。

大多数智能手机都有导航功能。相关的地图软件不仅能够确定你的位置，还能够指引你的方向。能够定位是因为手机有 GPS 模块，通过人造卫星、通信基站来获取位置相关的数据。辨别东西南北则是因为手机中还有磁力传感器，它能够像指南针一样来检测磁场。当然，利用磁力传感器，人们还可以探测金属材料。

很多高端智能手机中还配有陀螺仪、气压传感器、温度传感器等。其中，陀螺仪能提供精度更高的角度信息，同时测定 6 个方向的位置、移动轨迹及加速度，这被用于照相时的防抖动技术；气压传感器能测量气压，进而判断手机所处位置的海拔高度，这会有助于获取更加丰富的地理位置信息；温度传感器一方面能够监测手机内部以及电池的温度，如果发现某一部件温度过高，就会自动关机防止损坏，另一方面还可以判断用户所处的环境是否舒适。

算上麦克风、摄像头、指纹识别这些常见的需求配置，以及心率传感器、血氧传感器、有害辐射传感器等特殊的需求配置，智能手机中的传感器种类多达 20 余种。这意味着智能手机能够感知更多的内部和外界环境信息，能够和用户进行更加方便友好的沟通。这就进一步证实了一句话：“传感器的存在和发展，让物体有了触觉、味觉和嗅觉等感官，让物体慢慢活了起来。”

2.3.3 点亮智慧的地球

从 2.3.2 节的介绍可以看出，正是物联网技术的牛刀小试，手机从一种单一的通信工具摇身一变，成了“智能终端”。同样，随着物联网技术的进一步发展，人们身边的所有物体也能够像手机一样进化，甚至变得更加智能。这就给人们的日常生活带来了全新的感受，“智能家居”已经从梦想变为现实。

当前，比较典型的智能家居里都有很多“智能按钮”的设置，例如一键开衣柜、一键开窗帘、一键开浴室门，等等。做得好一些的家居将按键也省去了，变作辅助动力系统，用户轻轻推或拉一下，剩下的就由动力系统自己完成了。还有就是“远程控制”的概念：用手机控制家中的灯光、电视、音响、热水器、空调、窗帘、饮水机……通过各种 App 把手机打造成了“万能遥控器”，如图 2.31 所示。看上去家居似乎是变得聪明、智能了，这种体验感已经相当不错了。

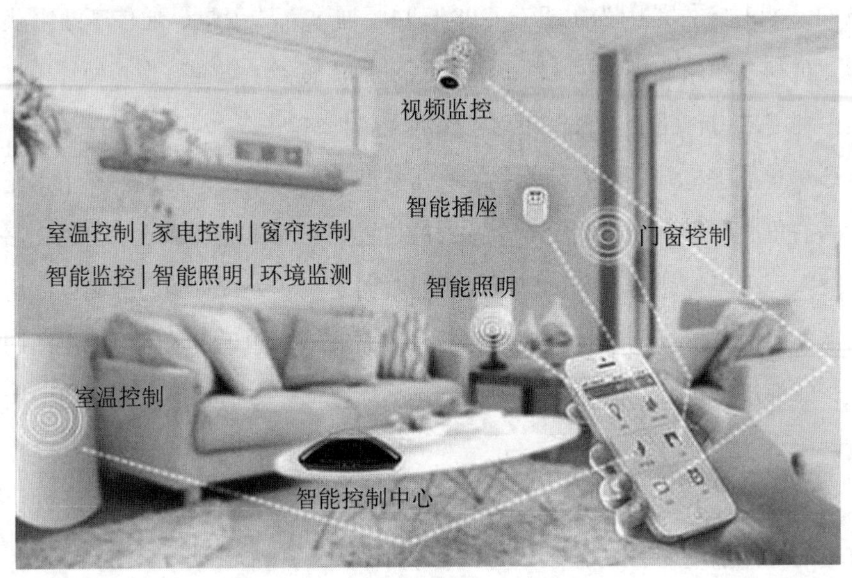

图 2.31　智能家居的一个示例

其实，这些还是从互联网衍生出来的过渡性产品，着眼于传统的“自动”和“遥控”，存在着一些不尽如人意的缺点。例如某品牌智能空调，你到家之前可以先用手机开启它，它能保证你回家时家里室温刚好是你提前设定好的温度，而离家之后也不会因为忘了关空调而心疼电费，因为你随时可以在手机上把它关掉。但是，它无法自动感知环境，就是说你需要人为关注空调的运行状态而且亲自去操作，这其实是你对“空调工作状态”及“家里空气状态”这样的信息进行了判断和处理；再者，手机只能实现对空调的控制，而不知道如何系统性地调节门窗、通风装置、空气净化器、加湿器等一系列相关设备来让室内空气达到最好的状态。

如果它们升级成为基于物联网的“智能家居”产品，那就不一样了：首先，空调的信息来源并不完全依赖于人，它集成了很多类型的传感器，能够不间断地监测室内的温度、湿度、光照等环境的变化。它可以自行判断房间中是否有人及人是否移动，并以此决定是否进行温度调节；此外，“智能空调”具有记忆能力和学习能力，它会记录用户每次设定的环境状态（温度、湿度、光照），经过一段时间，就能根据用户的日常作息习惯和个人喜好，利用算法自动生成一个设置方案。只要用户生活习惯没有发生变化，就不再需要进行手动设置。

谷歌的子公司 Nest 推出的智能家居产品就是基于物联网的，它相对于“互联网产品”的一个巨大优势就在于感知层的运用。可以说，由遥控到自控的转变，体现了智能家居从 1.0 到 2.0 的升级。当然，后续还有互联互通的 3.0 模式，这也是现在所有从业者努力的方向，现在 Nest 及旗下智能摄像头 Dropcam 已经和智能门锁、电灯、电扇、汽车系统等十数件产品开始联动了，其无感化控制才让人们体验真正的智能生活。真正的物联网时代来临，将达到无控状态。

在落实“智能家居”的同时，科技界和产业界将物联网技术的应用领域进一步扩大，不仅提出了“智慧城市”的目标，还提出了“智慧地球”（Smart Planet）这一概念。根据 IBM 的官方说法，智慧地球分成三个要素（即“3I”）：物联化（Instrumented）、互联化（Interconnected）和智能化（Intelligent），分别对应“更透彻地被感知”“更全面的互联互通”“更深入的智能化”，如图 2.32 所示。

图 2.32　智慧地球的三个要素

总之，传感器的普及和物联网的兴起，让人们利用工具感知世界的能力极大提升：小小的智能手机不仅在计算能力上已经不逊色于一台 PC，而且通过传感器可以觉察操作用户和周边环境，展现出灵活的一面；可穿戴设备也走进人们的生活，通过传感器不停记录佩戴者的物理位置、热量消耗、体温、心跳、睡眠模式和步伐节奏等；更多的工具通过传感器可以时刻观测地球上的万事万物甚至记录宇宙天体的各种信息，这就是无法估量的一类数据——“环境数据”（如图 2.33 所示）。

图 2.33　万物皆是数据的生产者

美国国家气象局于 2011 年开始在大巴车上装备传感器，每 10 秒钟一次，每天万次以上地采集沿途所有地点的温度、湿度、光照等数据，如此庞大的数据量使得天气预报更加实时和准确。斯隆数字巡天（Sloan Digital Sky Survey）项目在 2000 年启动时，位于新墨西哥州的望远镜在短短几周内收集到的数据，已经比天文学历史上的记录总和还要多。不过同样规模的数据，对于即将在智利投入使用的大型视场全景巡天望远镜（Large Synoptic Survey Telescope，LSST）来说，可能只是一天的收获而已。目前，全世界至少有 300 万个重要的、巨大的、日夜运行的机器，以及上百亿台小型机器，它们携带的传感器一方面记录着湿度、温度、压力、振动、旋转状态等重要检测指标，另一方面也在记录着周边环境的各种数据。

美国的“海浪监测计划”

1962年，一场代号为“圣灰星期三”的风暴席卷了美国东海岸900多千米的海岸线，这场风暴持续了3天，影响了全美6个州，最后造成了40人死亡、1000多人受伤，导致了几亿美元的经济损失，被后人评为20世纪美国最严重的十大风暴之一。由于损失惨重，美国国会对救灾防灾工作召开了专门的听证会，最后促成了军民联手的“海浪监测计划”：美国陆军工程部和美国国家海洋与大气管理局（NOAA）共同建设一个传感器监测系统，对兴风作浪的海洋进行监测。

在随后的日子里，这个监测系统不断升级，逐渐发展为一个覆盖全美海岸线、从浅水到深水的、精确的海浪监测网络。这个网络总共在近海、外大陆架、内大陆架和沿海设置了296个观测站点。布置的新型传感器不仅能监测海浪的能量和方向，还能计算它的传播速度、偏度和峰度。这些传感器以分秒为单位，将数据源源不断地实时传回到国家海洋数据中心（DODC）。

对海浪的监测，不仅能提高沿海地区对海啸、风暴等自然灾害的应急能力，还能极大地改善海上的交通安全。根据美国疾病控制和预防中心（CDC）的统计，捕鱼业是美国最危险的职业之一，全美所有行业的平均致死率为0.004%，而捕鱼业的平均致死率高达0.155%，其中79%的死亡是天气变化导致的。除了安全，海浪的监测还能为利用大海能量进行发电提供关键的分析型数据。

2.4 大数据的特征

前面陈述了这么多内容，都是关于大数据是怎么来的，那么到底什么才是真正的大数据呢？麦肯锡全球研究所给出了一种定义：一种规模大到在获取、存储、管理、分析方面远远超出了传统数据库软件工具能力范围的数据集合，具有海量的数据规模（Volume）、快速的数据流转（Velocity）、多样的数据类型（Variety）和价值密度低（Value）四大特征。如图 2.34 所示，这四个特征的英文单词都是以“V”开头，所以就称之为大数据的“4V”定律①。

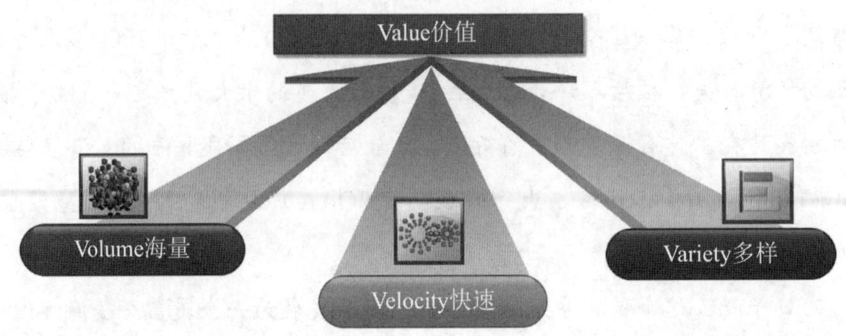

图 2.34　大数据的“4V”定律

大数据最明显的特征就是规模大（Volume），这一点在本章的一开始就介绍过了。但是仅仅有大量的数据并不一定是大数据，有一个术语“海量数据”就是专指规模非常大的数据。其实，大数据还有一个尤为重要的特征，就是多样性（Variety），这主要体现在两方面：一方面是数据来源多。就如同 2.3 节所说的，服务器、PC、手机、平板以及遍布地球各个角落的形态各异的传感器时时刻刻都在收集数据，产生了不计其数的“业务数据”“行为数据”“环境数据”。另一方面是数据类型多。在 2.1.3 节提到过，以前的数据分析主要利用的是关系数据库里存放的结构化数据，并没有用到诸如图片、音频、视频、网页之类的非结构化和半结构化数据。而这些非结构化和半结构化数据才是大数据的主要组成部分，它们的加入极大丰富了可以利用的数据类型。

“多样性”的说法有一定的歧义，从本质上讲用“多维度”一词则更加简明而准确。其实人类一直是靠这种方式来判断世界，只不过以前没有这么丰富的信息记录工具而已。例如，网上有个朋友找你借钱，你怎么判断有没有问题？仅仅通过发过来的信息，就算几千字的长篇大论也不足取信，因为这只是单个维度而已；于是，你可以让他打个电话过来，听听声音是不是他的，这就有了另一个维度的信息来佐证；如果还不放心，你再和他来个网络视频会议，不仅能看看相貌是不是他本人，还能观察一下他气色正不正常、周边

① 还有一种“5V”定律的说法，其中多了一个特征就是数据的真实性（Veracity）。

环境是否异常（以防被传销洗脑之类）等，这种用多个维度的信息来综合决策的方法，就是大数据的正确使用方式。

iPhone 手机上的智能语音助手 Siri 就是多维度数据处理的典型代表（如图 2.35 所示）。用户可以通过语音、文字等多种输入方式与 Siri 沟通交流，就像面对一台智能机器人一样（只不过藏身于 iPhone 里面）。Siri 不仅可能帮助用户调用系统自带的天气预报、日程安排、搜索资料等应用程序，还能给用户读短信、介绍餐厅、询问天气、设置闹钟、预订机票。由于 Siri 接触到了如此多维度的数据，它会变得越来越人性化，甚至能依据用户的家庭地址、当前所处位置和平时的选择偏好来判断哪些网络搜索结果更符合用户的心意，例如，推荐附近合乎口味的餐厅、找到方便快捷的公交站点、帮醉酒的主人打车回家，等等。为了让 Siri 更加聪明，苹果公司还引入了谷歌、维基百科等外部的数据源，通过更多维度的数据来提升它的能力。未来版本的 Siri 或许可以用各地的方言来为中国用户服务，例如四川话、湖南话和广东话等。

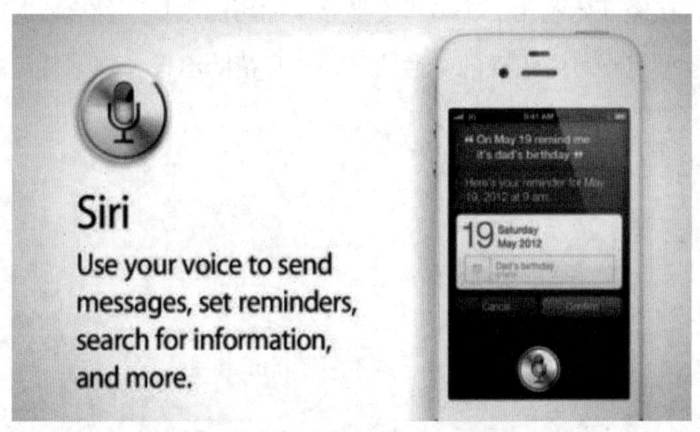

图 2.35　智能语音助手 Siri

“天下武功，无坚不摧，唯快不破。”这是电影《功夫》里的一句台词，在大数据中也同样适用。数据的增长速度之快，可以说远远超出了摩尔定律的预期，这就需要人们在存储、传输和处理等各个环节都要跟上。一言以蔽之，就是“数据产生得快，处理也要快！”毕竟，很多数据跟新闻一样，具有“时效性”。所以有一个著名的“1 秒定律”，即要在秒级时间范围内给出分析结果，超出这个时间，数据很可能就失去价值了。IBM 有一

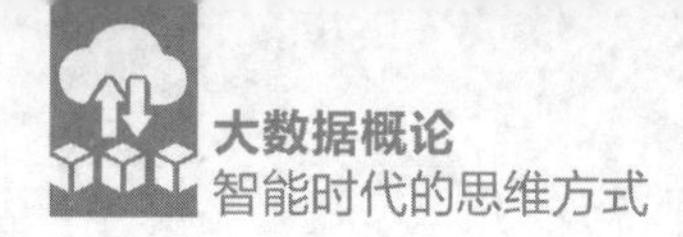

个“1 秒，能做什么？”的广告，通过实例告诉你：1 秒，能检测出台湾的铁道故障并发布预警；也能发现得克萨斯州的电力中断，避免电网瘫痪；还能帮助一家全球性金融公司锁定行业欺诈，保障客户利益，等等。

如果人们获取和处理数据的速度足够快，就可以做到很多过去做不到的事情，城市的智能交通管理就是一个绝佳的例子。谷歌公司在 2007 年刚刚推出 Google 地图交通路况信息服务时，世界上很多大城市都已经设置了交通管理（或者控制）中心。但是它们能够得到的交通路况信息最快也有 20 分钟滞后，这就导致用户通过 Google 地图看到的是接近半个小时前的情况了。随后几年里，能够定位的智能手机逐渐普及，而且大部分用户都开放了他们的实时位置信息。于是，做地图服务的公司，例如谷歌或百度，很容易通过智能手机上的传感器实时地获取任何一个人口密度较大的城市的人员流动信息。而且从数据采集、数据处理，到信息发布中间的延时微乎其微，所提供的交通路况信息要及时得多。当然，更“及时”的信息可以通过分析历史数据来预测。如图 2.36 所示，一些科研小组和公司的研发部门，已经开始利用一个城市交通状况的历史数据，结合实时数据，预测一段时间以内该城市各条道路可能出现的交通状况，并且帮助出行者规划最优的出行路线。

图 2.36　百度地图的实时路况示例

2009年，人类发现一种新的流感病毒——甲型H1N1禽流感病毒，短短几周之内在全球迅速蔓延。当时还没有研制出对抗这种流感的疫苗，公共卫生专家只能先设法知道这种禽流感流行到了哪里，以便防止它进一步传播。传统的方法是由各地医院、诊所和医务人员向美国疾病控制和预防中心（Centers for Disease Control and Prevention，CDC）上报，大约有10天到两周的延时，显然是很不利于疫情控制的。而谷歌公司推出的一款名为“谷歌流感趋势”（Google Flu Trends）的产品，其基本原理就是：一旦人们患上流感，就可能会在搜索引擎上输入特定的检索词条以获得与流感相关的信息。通过汇总和分析这些检索词条，就能预测流感将在何时何地暴发。事实证明，谷歌这款产品的预测结果不仅准确率高达97%以上，而且比传统方法更加及时，从而帮助美国政府有效地遏制了H1N1病毒的传播速度。

由于大数据的体量大、种类多、速度快，因而也造成了其价值密度低的特点。也就是说，高价值的信息隐藏在大量纷繁复杂的无用数据之中，而人们需要像“淘金”一样进行筛选、整理、提炼，才能收获真正想要的东西。举例来说，如果一个摄像头的监视范围是200米，人们可以安装10组摄像头对一条2千米长的公路进行全程录像监控。每个摄像头每秒钟拍摄30幅画面的话，这10组摄像头一天要拍摄两千多万幅画面，一年下来，产生的数据不可谓不大。但是，人们不可能长期保存如此大规模的数据，毕竟成本太高。何况这么多的数据里面，真正有用的数据可能只有1%甚至更少。于是，如何通过更加先进的技术及时完成数据的价值“提纯”，成为目前大数据背景下亟待解决的难题。

为什么是“big”而不是“large”？

英语单词“big”“large”“vast”都有“大”的意思。而且在大数据被提出之前，很多通过收集和处理大量数据进行科学研究的论文，基本都采用“large”或“vast”这两个英文单词，很少用“big”。那么，这三个单词到底有什么差别呢？

“large”和“vast”常常用于形容体量的大小，只是在程度上略有差别，“vast”可以看成是“very large”的意思。而“big”更强调的是相对于小的大，是抽象意义上的大。例如，“large table”表示一张桌子的尺寸很大，非常具体。“big table”则抽象地强调这不

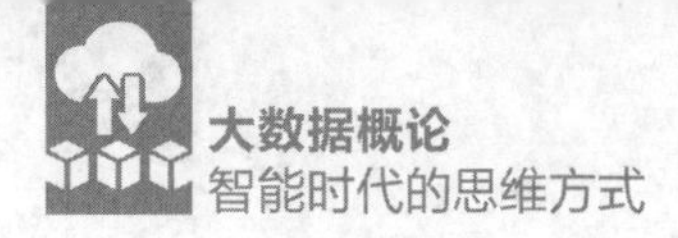

是一张小桌子（可以称得上大桌了），真实尺寸是否很大倒不一定。

仔细推敲英语中“big data”这种说法，不得不承认这个遣词非常准确，它从抽象层面上传递了一种信息——大数据是一种思维方式的改变。数据量的增加仅仅是具体的一方面而已，更多的是量变带来的质变，是一种境界的不同。在大数据的时代，思维方式、做事方法就应该和以往有所区别。这也是帮助人们理解大数据概念的一把钥匙。

第3章

转变：从思维方式开始

大数据提供的不是最终答案，只是参考答案，为我们提供暂时的帮助，以便等待更好的方法和答案出现。

——维克托·迈尔－舍恩伯格（奥地利数据科学家）

尽可能去提升人类应对复杂、紧急问题的综合能力。

——道格拉斯·恩格尔巴特（美国发明家）

对物理世界来说，物体的大小是非常重要的。在人类身处的常规尺度下面，用自身的双眼就可以观察现象，用牛顿物理学就足以解释原因；但是随着尺度的不断变大，到星球这类天体的规模时，就必须用天文望远镜来观察宇宙，用相对论来解释其规律；而随着尺度的不断变小，尤其是到了原子的内部，人们用显微镜都无法观测，需要用粒子加速器去探究，用量子理论来解释。

同样，对于数据而言，规模也是异常重要的。从以往的小数据发展到了如今的大数据，量变引发质变，人类有机会更加深入地探索现实世界的规律，获取过去不可能得到的知识，抓住以前无法企及的商机。但是，这也给人们提出了挑战，因为原先的思维方式和方法套路已经不再适用，人们需要做好充足的准备，转变思维，寻求与之匹配的技术。

3.1 全体数据的威力

正如 2.1.1 节所述，在计算机出现之前的漫长历史中，由于使用的工具所限，大量地收集、存储和处理数据对人类而言始终是一种挑战。所以，人类的祖先就把用数据交流的困难看成自然而然的、无法逾越的，只能想方设法地把数据量缩减到最少，用尽可能少的数据来证实尽可能重大的发现。回头看来，这只是当时技术条件下的一种人为的限制。

如今，随着科学技术的发展，人类可以处理的数据量已经极大地增加，而且未来会越来越多。但由于思维的惯性，大多数人还没有意识到自己已经拥有了能够收集、存储和处理更大规模数据的能力。人们还是在信息匮乏的假设下建立很多组织机构，利用传统的技术手段进行数据分析，在生产实践和管理制度中尽可能地减少数据的使用。与时俱进，哪是那么容易的事情！

3.1.1 抽样统计的利弊

很早以前，人们就开始摸索如何通过收集、整理和分析数据，进而发现事物的规律，乃至拥有预测对象趋势的能力，于是就慢慢形成了一门古老的学科——统计学。由于技术水平的限制，很多事物都是进行无法一一清点的，例如人口普查这种耗资且费时的事情。所以 300 多年前，有一个名叫约翰·格朗特的英国缝纫用品商就提出了一个很有新意的方法，可以推算出当时伦敦的人口数。这种方法逐渐发展为“样本分析法”，旨在通过分析收集到的一部分数据来推断总体的规律。

不用说一个城市的人口普查有多么复杂，就拿一所综合性大学来举例吧。师生人数多至几万，每天都可能有入学、培训、入职进来的，也有退学、交流、离职出去的。在这种动态变化中，就算学校的相关部门也很难及时掌握当下的具体数据。而人们要想独自计算出这所大学的男女比例，该怎么办？最省时省力的方式就是，站在学校人流量最多的路口（一般在宿舍、教室、食堂必经之路的交会处）数一数一天的人流量。如果你发现有 1752 名男生和 584 名女生经过这个路口，你大致可以得出“这个学校男生略多于女生”的结论。当然，你不能说这个学校的男女生比例就是 1752∶584，你只能说“差不多是 3∶1”。在此过程中，整个学校的实际人数称为总体；你观测或调查到的这一部分个体（2336 个人）称为“样本”；从总体中拿出一部分个体来研究的行为，称为“采样”，也叫“取样”“抽样”。

用部分个体的数据来获得总体的结论，统计学这套方法很是诱人。但要注意，抽取的样本数量要充分、要有一定的规模，才能反映出整体的规律。例如，某个清晨，你还是到学校的那个路口站上两分钟，看到 3 名男生和 7 名女生走过，你可以据此得出“这个学校 7/10 都是女生”的结论吗？显然，你的统计样本数量太少，可能完全是凑巧。或许你等到深夜再去数一数，两分钟只走过去 8 名男生 1 名女生，你同样不能据此得出“这个学校 8/9 都是男生”的结论。可见，采样数据只有达到一定的规模，才能忽略其误差。

除了要求样本数量足够多，统计还要求采样的数据具有代表性。如果你跑到学校男生宿舍的楼道里坐上一宿，或者在男澡堂里泡上一天，见到了上千名男生，这下样本数量是够多了，但是你应该不会相信“这个学校没有女生”的谬论吧？不要笑，大家在生活中经常会犯类似的错误。曾经有学生社团假期在自习室发放调查问卷，统计学生们对教学进度和课程难度的看法。这种调查方式肯定有问题（如果没有其他补充的调查方法），因为假期还在自习室学习的同学一般都是学业不错的，很可能都认为教学进度合理甚至稍慢，课程难度适中或者不大。而那些跟不上教学进度、学习非常吃力的同学，往往不爱上课，更别提在假期去自习室了。没有给这部分学生填写调查问卷的机会，就是采样存在偏好、没有代表性，推断出来的结果很可能不符合真实情况。

在 1936 年的美国大选前夕，当时著名的民意调查机构《文学文摘》（*The Literary Digest*）预测共和党候选人兰登会赢。此前，《文学文摘》已经连续 4 次成功地预测了总统大选的结果，这一次它收回来 240 万份问卷，巨大的样本数量得到了民众的信服。不过，当时一位名不见经传的新闻学教授乔治·盖洛普却提出了相反的看法，他通过 5 万份调查问卷得出了民主党候选人罗斯福会连任的结论。大选结果出来后，证实了盖洛普是正确的（如图 3.1 所示）。对此，盖洛普的解释是：《文学文摘》统计的样本虽然要多得多，但不具有代表性，它的调查员们是根据杂志订户、汽车主和电话本上的地址发送问卷的，而这些都是支持共和党的富裕家庭。而盖洛普进行采样时，充分考虑了选民的种族、性别、年龄和收入等各种因素，虽然只有 5 万个样本，却更有代表性。

图 3.1　盖洛普登上《时代》杂志的封面

所以，统计学家认为，样本分析的精确性随着采样随机性①的增加而大幅提高，与样本数量的增加关系不大。也就是说，样本选择的随机性比样本数量更重要！这一观点为人们开辟了一条收集信息的新道路。通过收集随机样本，人们可以用较少的花费做出高精准度的推断。因此，政府每年都可以用随机采样的方法进行小规模的人口普查，而不是只能每十年搞一次“全民运动”。在商业领域也是一样，以前对生产出来的每个产品都要进行质量检测，而现在只需要从一批商品中随机抽取部分样品进行检查就可以了。

随机采样取得了巨大的成功，成为统计学、现代测量领域的支柱方法。但这只是一条捷径，是在不可收集和分析全部数据的情况下的选择，它本身存在许多固有的缺陷。其成功依赖于采样的绝对随机性，但是实现起来非常困难。一旦采样过程中存在任何偏见，分析结果就会相去甚远。还是接着前面的例子，1936 年的美国大选预测让盖洛普一夜成名，并催生了一个至今仍是最具权威的民调公司——盖洛普公司。此后，该公司又连续成功预测了两次大选。1948 年，盖洛普预测共和党候选人杜威将以较大优势击败时任总统

① “随机原则”是指在选取样本的时候，每个个体都有同等被抽到的机会，这就保障了样本的分布和总体趋于一致。

民主党候选人杜鲁门，《纽约时报》《芝加哥论坛报》等报纸早已奉盖洛普为神明，在开票前一晚，都提前印好了杜威获胜的头条新闻。但最后是杜鲁门获胜，印好的报纸被迫全部销毁。可见盖洛普的民意调查还是不可能尽善尽美，它的采样还是没有达到完全随机的地步。

更糟糕的是，随机采样不适合考察子类别的情况。因为一旦继续细分，随机采样结果的错误率会极大增加。如果现在有一份随机采样的调查结果，还是关于前面所述的那所大学男女比例的。一方面样本数量足够多，有 2336 人（1752 名男生和 584 名女生）；另一方面样本选择也足够随机（某天经过核心路口的所有人）。但是如果根据专业和年级细分一下呢？要是发现样本中有 3 名男生和 3 名女生同属于某专业大二年级一班，是不是可以得出“该专业大二年级一班男女比例为 1∶1”的结论？甚至在样本中某个班级来的全是男学生，是不是可以认为“这个班级没有女生”（很可能这个班级女生这天正好有活动，例如相约逛街、郊游）？所以，当人们想了解更深层次的细分领域的情况时，随机采样的方法就不可取了。

随机采样获取数据的维度是极其有限的，所以要先有一个假设，然后通过统计分析来进一步验证，千万不要奢求采样的数据能够回答你事先没有考虑到的问题。例如，人们想知道一下“影响考试成绩的因素有哪些”，设计调查问卷采集的数据维度有考试难度、学习时长、课程难度、课程类型等，后来你突然发现还应该调查一下考试形式（开卷还是闭卷），还应该调查考试时间（白天还是晚上），那只能重做问卷再次调查汇总了。分析结果都快出来时，你又突然意识到学生对出题老师的熟悉程度也应该有关系，而且可能是很大的关系，那没办法了，“只不过从头再来”。这次统计你集思广益、面面俱到，收回所有问卷正要着手分析时突然接到一个电话，团委书记让你顺便调查一下参加党团活动对考试成绩有无提升，于是你到了崩溃的边缘。可以说，人们在传统的随机采样中只能得出预先设计好的问题的结果。这种调查结果是缺乏延展性的，即调查出来的数据不可以重新分析以实现计划外的目的。

随机采样一般都是采用填写调查问卷和当面采访的方式来进行，而这些方式未必能反映被调查人的真实意愿。例如，在调查大学生阅读习惯的问卷里，很多同学会本能地填

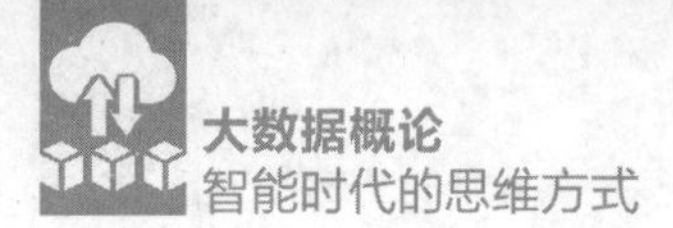

写一些让自己显得有格调的书籍，包括世界名著、哲学丛书、技术类书籍等，这和实际情况一般出入很大。可以说，填写调查问卷和当面采访的方式没有照顾到被调查人的心理感受，给予对方很大的压力，有“课堂提问”“逼迫表态”之嫌疑。

3.1.2 大数据统计分析

通过上述分析，可以看出在信息处理能力受限的时代，人们缺少收集、存储和分析所有数据的工具，所以随机采样应运而生。现如今，随着技术的进步，PC、平板电脑、智能终端和无数大大小小的传感器都可以收集想要的数据，对数据的快速处理也不是很大的问题了。所以，人们要转变思维方式，只要有可能，就要收集所有的数据，即“样本=总体”！

2013年9月，百度发布了一个颇有意思的统计结果——《中国十大“吃货”省市排行榜》。百度没有做任何民意调查和各地饮食习惯的研究，它只是从“百度知道”的7700万条与吃有关的问题里“挖掘”出来一些结论，而这些结论看上去比任何学术研究的结论更能反映中国不同地区的饮食习惯。不妨看看百度给出的一些结论，如下所示。

在关于“××能吃吗”的问题中，福建、浙江、广东、四川等地的网友最经常问的是“××虫能吃吗”，江苏、上海、北京等地的网友最经常问的是“××的皮能不能吃”，内蒙古、新疆、西藏的网友则最关心“蘑菇能吃吗”，而宁夏网友最关心的竟然是“螃蟹能吃吗”。宁夏网友关心的事情一定让福建网友大跌眼镜，反过来也是一样，宁夏网友会惊讶于有人居然要吃虫子。

百度做的这件小事，其实就是大数据的一个典型应用，它有这样一些特点：首先，数据非常充足，7700万个问题和回答可不是一个小数目，这不是随机采样，而是现有手段可以获取的全部数据；第二，这些数据维度非常之多，它们不仅涉及食物的做法、吃法、成分、营养价值、价格、问题来源的地域和时间等显性的维度，而且还藏着很多外人不注意的隐含信息，例如，提问者或回答者使用的计算机（或手机）以及浏览器。这些维度并不是明确给出的（这一点和传统的调查问卷不一样），因此在外行人看来，百度知道的原始数据是相当杂乱的。但这恰恰保障了数据包含的信息没有缺失，分析起来全无死角，从而将原来看似无关的维度（时间、地域、食品、做法和成分等）联系了起来；第三，百度知道的数据来源就是大家在网上随意的搜索和留言，很多都是匿名的，这就没有提问和回答的压力以及各种顾虑，也没有功利性的目的，用户畅所欲言，自然而然更接近人们的真实想法。

互联网公司往往只是选择性地公布一些大家感兴趣的信息，只要它们愿意，还可以从这些数据中得到更多有价值的统计结果。例如，它们很容易得到不同年龄、性别和文化背景的人的饮食习惯（假定知道用户的注册信息是可靠的，即使不可靠，也可以通过其他方式获取可靠的信息），不同生活习惯的人（例如正常作息的人、“夜猫子”们、在计算机前一坐就是几个小时的游戏玩家、经常出差的人或者不爱运动的人等）的饮食习惯等。如果再结合每个人使用的计算机（或者手机等智能设备）的品牌和型号，大抵可以了解用户的收入情况，这样就可以知道不同收入阶层的人的饮食习惯。如果数据收集的时间跨度比较长，还可以看出不同地区的人饮食习惯的变化，尤其是在不同经济发展阶段饮食习惯的改变。

可见，互联网公司进行大数据分析之前，设计师的头脑里既没有预先的假设（限定哪些方面的信息），也不知道能得出什么样的结论，这种思维方式和传统的随机采样完全不一样。正是因为典型的大数据具有多维度和完备性，可以轻易对事物做出全方位的完整描述，那些在过去看来很难处理的问题便可以迎刃而解了。于是，既不用投入大量精力设计一个非常好的问卷，也无须从不同地区寻找具有代表性的人群进行调查，更没有必要担心漏掉某个维度以致整个统计过程重新来过。如图 3.2 所示，大数据彰显出来的威力就是建立在掌握所有数据，至少是尽可能多的数据的基础之上的，即“样本 = 总体”。

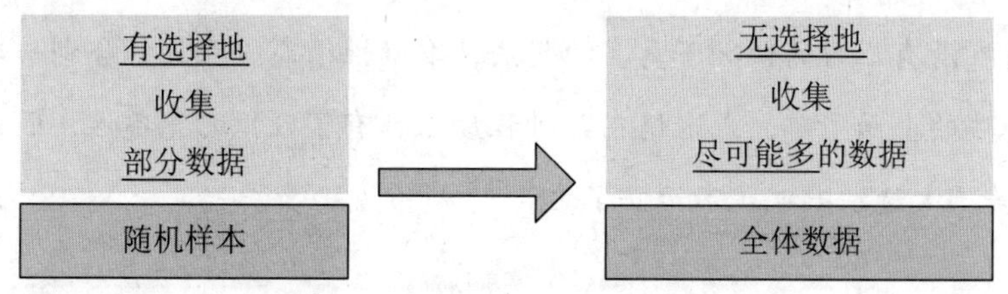

图 3.2　利用全体数据的思维转变

大数据时代的选举预测

前面介绍过，盖洛普公司因预测 1936 年总统大选结果而声名鹊起，被媒体奉若神明。不过，直至 2012 年的 19 次大选预测中还是有两次失手，而且即使在它预测正确的 17 次之中，也没有一次能够正确预测美国全部 50 个州再加上华盛顿特区的选举结果。为什么准确预测美国各州的选举结果那么重要呢？因为美国总统的选举不像法国那样是简单的一人一票制，而是先由各州选举出该州的获胜者，这个获胜者通吃全州被分配的选票数额，因此准确预测各州的选票很重要。但每次大选结果事先不明朗的州有 10 个左右，在那些州里，各候选人支持率民意调查的差距比标准差要小很多，因此可以讲各种民调给出的结论基本上是随机的。要随机猜对 10 个州的大选结果，这个概率其实不到千分之一，是非常小概率事件。因此，统计学家们认为基本无法准确预测全部 50+1 个州的结果，不是盖洛普公司本事不大，而是这件事本身就办不到。

但是到了 2012 年，情况发生了变化，一个名叫内德 • 斯维尔的年轻人，利用大数据成功地预测了全部 50+1 个州的选举结果。这让包括盖洛普公司在内的所有人都大吃一惊。斯维尔是怎样解决这个难题的呢？其实他的思路很简单，如果有办法在投票前了解到每一个人会投哪个候选人的票，那么准确预测每一个州的选举结果就变得可能了。于是，他在互联网上，尤其是各种社交网络上，尽可能地收集所有和美国 2012 年大选有关的数据，其中包括各地新闻、留言簿和地方传媒中的数据，Facebook 和推特上的发言和评论，以及候选人选战的数据等，然后按照州进行整理。

虽然斯维尔还做不到在大选前得到每一个投票人的想法，但他利用互联网收集的数据已经非常全面了，远不是民意调查公司所能比拟的。另一个重要的因素是，互联网上的数据反映了选民在没有压力的情况下真实的想法，准确性很高。两点结合到一起，斯维尔获得了对选民想法的全面了解，或者说在某种程度上具有了数据的完备性，因此他能够准确预测 2012 年美国大选结果也就不奇怪了。

3.2 观其大略的意识

随着数据处理的相关技术不断发展，人们从有选择地收集部分数据变成了无选择地收集尽可能多的数据。这种转变一方面利用了多维度和完备性的优势，避免了随机采样的缺陷，彰显了大数据的威力；另一方面也让一些不规范的数据，甚至错误的数据混了进来，造成了结果的不精确。正如俗语说的“人上一百，形形色色”“林子大了，什么鸟都有”，这就是大数据时代要付出的代价，而且人们要学会接受它。

3.2.1 包容错误的数据

对“小数据”而言，最基本、最重要的要求就是减少错误，保证质量。因为收集的样本比较少，所以必须确保每个样本数据尽量精确。例如，通过打靶成绩来判断士兵的业务能力是否过硬：如果只进行五次测试，如图 3.3（a）所示，人们就会判定右侧靶位的士兵更优秀，因为左侧靶位的士兵有一枪差点脱靶，虽然这可能只是一个偶然的发挥失常，或者受一些场外因素干扰，又或者枪械的小故障……如果把平时多次正规测试的成绩都拿过来，如图 3.3（b）所示，人们就会发现两位士兵的成绩没有什么差别，稳定性都不错。左侧那个几乎要脱靶的一枪，应该就是一个意外，对于大量测试样本来说，可以作为一个“小概率事件”忽略掉。如果算一下平均成绩，这个“孤立点[①]”多出的几环被几十甚至上百整除，结果完全在可接受的误差范围之内。

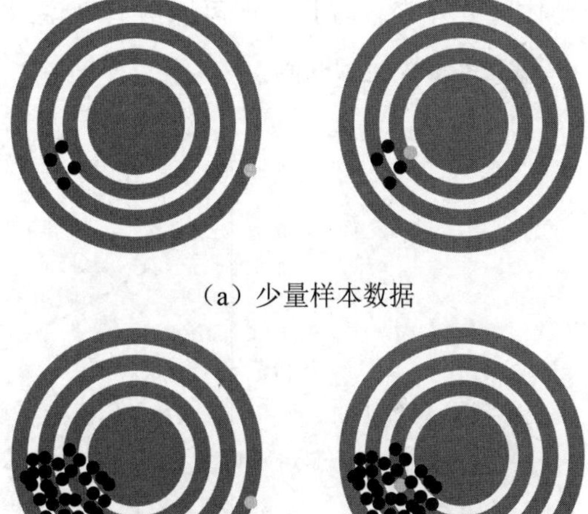

（a）少量样本数据

（b）大量样本数据

图 3.3　两种规模的样本数据对比

评判一个组织的优良中差也是一样，在只有两三个人的团队中，一个成绩记录错误

① 孤立点（Acnode）是指在数据集合中与大多数数据的特征不一致的数据。

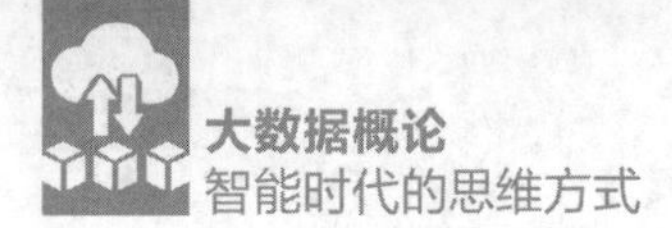

了，例如升降了十分左右，都会导致平均成绩浮动三到五分，直接影响到对团队优良层次的判断。但对于一个两三千人的团队来说，某个成绩的记录错误，仅仅导致平均成绩的百分位甚至千分位浮动，对团队总体判断的影响微乎其微。

在对物体进行测量分类时，“小数据”和“大数据”的思维也不同。如图 3.4 所示，人们测量出甲乙两类物体的重量（横轴）和长度（纵轴），并用二维空间中的点表示出来。可以看到，如果只是采集了椭圆（中间）内的几个样本，根本无法直接看出哪些是甲类，哪些是乙类，因为它们犬牙交错，很可能是错误数据或者测量误差。人们不得不重新挑选样本、精确测量，保证每一个样本具有代表性、每一个数据都不能出错！但是随着样本数量的增加，尤其是达到了上百个样本的规模以后，人们很容易就能画出一条斜线，把两类物体区分开来。对此，你可以放心地说：“这么多样本数据，就算有几个是错的，也不会影响我们的整体判断吧。”

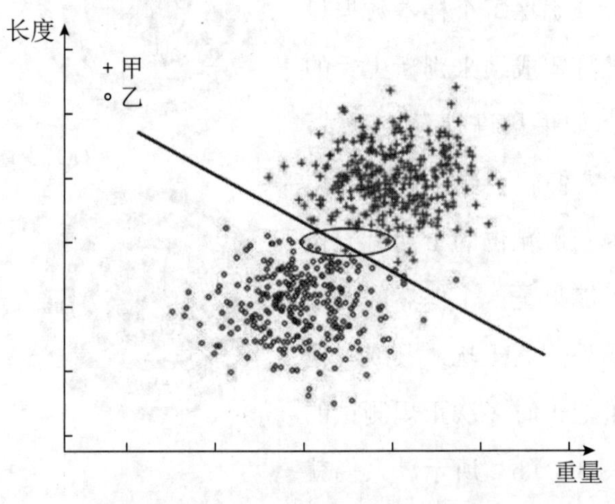

图 3.4　通过大量样本来判别两类物体

假设你要测量全球气温状况，手头只有几个温度测量仪，那你就必须保证它们都是精确的而且能够一直工作。即便如此，得到的数据也仅仅是几个代表性地点的温度而已，你无法关注类似“每个城市”这一层次的细节。如果每平方千米都有一个或多个测量仪（这个数量是相当可观的，仅仅中国就超过了 960 万个），有些数据很可能会是错误的（测量仪偶尔失灵了、被动物碰坏了，或由于地质灾害失踪了），可能更加混乱了。但众多的读数合起来就可以提供一个更加全面、更加可靠、更加有用的结果。因为更多的数据不仅能抵消掉测量错误的影响，还能提供更多的额外价值。

人们还可以控制这些温度测量仪的工作强度（测量频率），从而获取更多的数据。如果每隔一分钟就测量一下温度，至少还能够保证测量结果是按照时间有序排列的。如果变成每分钟测量十次甚至百次的话，不仅读数可能出错，连时间先后都可能搞混。再加上全球的温度数据都通过网络传输过来，某一条记录很可能在某个拥塞的节点发生延迟，甚至丢失。如此一来，人们得到的信息可能更加混乱。但是直接使用如此庞大规模的数据，还是要比使用严格筛选后的少量数据更为划算。理论上讲，如果人们能够投入足够多的人力、物力和时间，这些错误是可以避免的。但在很多情况下，与致力于避免错误相比，对错误的包容会带来更多好处。

3.2.2 接受混杂的现状

1950年，英国科学家艾伦・麦席森・图灵给出了一个判断机器是否“智能”的标准——“图灵测试”（Turing Testing，如图3.5所示），即一个人在不接触对方的情况下，通过一种特殊的方式，和对方进行一系列的问答，如果在相当长时间内，他无法根据这些问题判断对方是人还是计算机，就可以认为这个计算机具有同人相当的智力，即这台计算机是能思维的。这也引发了人们的深入思考：机器能不能理解人类的语言呢？如果能，那和人类的方法是否一样呢？

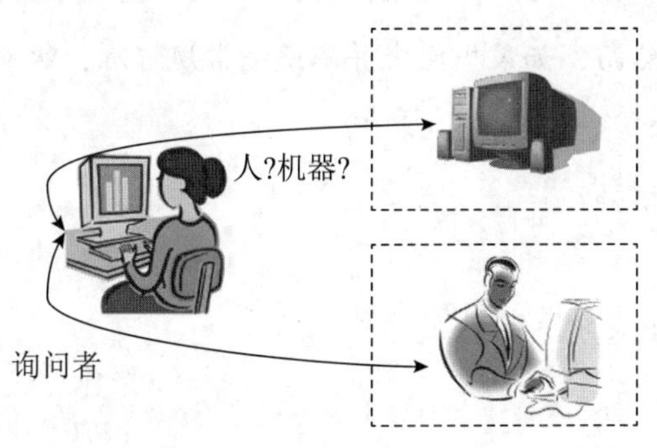

图3.5　图灵测试示意图

“图灵测试”与人工智能

1950年10月，图灵在《思想》(*Mind*)杂志上发表了一篇题为《计算机器与智能》(*Computing Machinery and Intelligence*)的论文。正是这篇划时代之作，为图灵赢得了一顶桂冠——“人工智能之父”。在这篇论文里，图灵第一次提出“机器思维”的概念，他虽然没有论述什么具体的技术，但是设计了一种验证机器是否有智能的方案：让人和机器进行互不接触的交流，例如通过打字系统，如果在相当长的时间内，人无法判断交流的对象是人还是机器，那么，就可以认为这台机器具有智能了①。这就是著名的“图灵测试”。

图灵还为这项测试亲自拟定了几个示范性问题，如下所示。

问：请给我写出有关“第四号桥”主题的十四行诗。

答：不要问我这道题，我从来不会写诗。

问：34957加70764等于多少？

答：(停30秒后)105721。

问：你会下国际象棋吗？

答：是的。

问：我在我的K1处有棋子K；你仅在K6处有棋子K，在R1处有棋子R。轮到你走，你应该下哪步棋？

答：(停15秒后)棋子R走到R8处，将军！

从表面上看，要使机器回答在一定范围内提出的问题似乎没有什么困难，可以通过编制特殊的程序来实现。然而，如果提问者并不遵循常规标准，编制回答的程序是极其困难的事情。例如，提问与回答呈现出下列状况。

问：你会下国际象棋吗？

答：是的。

问：你会下国际象棋吗？

答：是的。

---

① 图灵指出：“如果机器在某些现实的条件下，能够非常好地模仿人回答问题，以至于提问者在相当长时间里误认它不是机器，那么机器就可以被认为是能够思维的。”

问：请再次回答，你会下国际象棋吗？

答：是的。

通过这三个回合，你多半会发觉，面前的这位肯定是一部笨机器。如果提问与回答呈现出下面这种状态，情况就又不一样了。

问：你会下国际象棋吗？

答：是的。

问：你会下国际象棋吗？

答：是的，我不是已经说过了吗？

问：请再次回答，你会下国际象棋吗？

答：你烦不烦，干吗老提同样的问题。

那么，你面前的这位，大概是人而不是机器。上述两种对话的区别在于，第一种可明显地感觉到回答者是从知识库里提取简单的答案，第二种则具有分析综合的能力，回答者知道观察者在反复提出同样的问题。“图灵测试”没有规定问题的范围和提问的标准，如果想要制造出能通过试验的机器，以人们现在的技术水平，必须在计算机中存储人类所有可以想到的问题，存储对这些问题的所有合乎常理的回答，并且还需要理智地做出选择。

多数人在上外语课时，有一个直接的经验，那就是大量地记忆并练习语法规则、词性和构词法等。也就是说基于规则来学习，人类就可以很快地掌握一门语言。关于这一点，诺姆·乔姆斯基[①]在《句法结构》一书中提出的“生成语法”被认为是20世纪理论语言学研究上最伟大的贡献。这一理论认为说话的方式（词序）遵循一定的句法，这种句法是以形式的语法为特征的。举一个例子，也就是一个非常简短的句子：“小红喜欢小明”。这个句子可以分为主语、动词短语（即谓语）和句号三部分，然后对每部分作进一步分析，可以得到如图3.6所示的语法分析树。

① 艾弗拉姆·诺姆·乔姆斯基，美国哲学家，麻省理工学院语言学的荣誉退休教授。

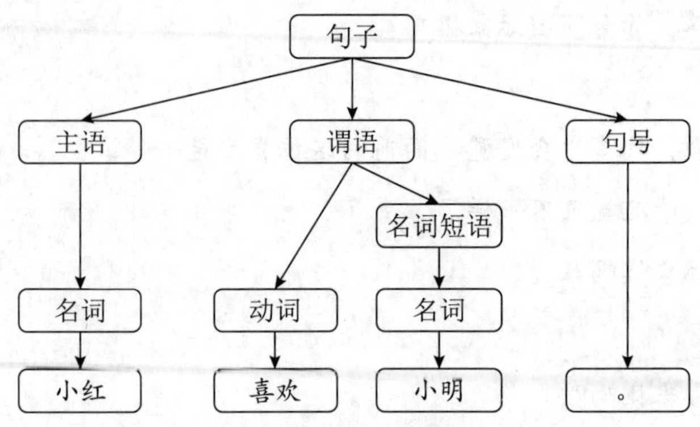

图 3.6　句子的语法分析树（示例）

20 世纪 60 年代，正是基于乔姆斯基的“生成语法”理论，人们成功发明了多种计算机程序设计语言，这些语言被称为“形式语言”。它们都严格遵守语法规则，非常简洁，没有任何歧义，所以对应的编译器很容易理解它们，将其转化为机器代码，进而执行出结果。

但是，当人们用类似的方法分析人类的语言时，就出现了问题：首先，从图 3.6 的例子可以看出，一个如此简单短小的句子竟然动用了八条语法规则，分析出如此复杂的二维树结构。如果处理长句子的话，复杂程度可想而知。另外，想要通过语法规则来覆盖哪怕 20% 的真实语句，也至少要几万条。每个大学生都深有体会，哪怕你学了十几年外语，依然无法涵盖全部的外语语法，在看外国电影、与外国人交谈时，还是时常露怯。最要命的是，形式语言是精心设计的，先制定语法规则，然后演绎出了所有的语句，所以简单高效，易于处理，没有漏洞；而自然语言是在人类文明进程中自然形成的，先演化出了语言，然后才归纳出了一些相对通用的语法规则，不仅有大量的例外，而且字里行间充斥着“歧义性”“冗余性”“隐喻性”。

正是由于这些有别于形式语言的特点，即便对于人类来说，理解起某些语句来也是比较困难的，何况是人工智能。网上有一则笑话可以体现其难度，如下所示。

有一位在中国学习了 10 年中文的外国人，去参加一场汉语等级考试，看到考题后哭晕在考场，考题是这样的。

请翻译下列语句中重复词语或句子的意思。

1. 冬天：能穿多少穿多少；夏天：能穿多少穿多少。

2.“剩女”产生的原因有两个：一是谁都看不上，另一个是谁都看不上。

3. 女孩给男朋友打电话说：“如果你到了，我还没到，你就等着吧；如果我到了，你还没到，你就等着吧。”

4. 单身的原因：原来是喜欢一个人，现在是喜欢一个人。

为什么这些考题对于一般的中国人来说就比较容易了呢？那是因为人们可以通过代入当时所处的情景以及以往的生活经验来综合分析其深层含义。可以说，如果没有常识作为基础，自然语言中一些看似简单的话语，理解起来也是非常困难的。

在过去的近30年里，自然语言理解这方面的研究已经从基于规则的方法转变为基于统计的方法，而且在语音识别、机器翻译、文本挖掘等领域取得了巨大的进展。以机器翻译为例，就是通过大量的文本（双语）对照，让计算机自己估算一个词或一个词组对应于另一种语言中的一个词和词组的可能性。

20世纪90年代，IBM花费了大概十年的时间进行了一个名为Candide的机器翻译项目，采用英法双语对照的加拿大议会资料作为语料库①。用那个时候的标准来看，数据量非常之庞大，多达300万句。由于是官方文件，翻译的标准非常高，可以说数据质量也特别过硬。这个项目使得机器翻译的能力在短时间内就提高了很多。然而，在这次飞跃之后，IBM公司尽管投入了很多资金，但取得成效不大，最终不得不停止这个项目。

2006年，谷歌公司也开始涉足机器翻译。但与IBM不同的是，谷歌利用了一个更大更繁杂的语料库——互联网。它不仅从各种各样语言的公司网站上寻找对译文档，还会去寻找联合国和欧盟这些国际组织发布的官方文件和报告的译本，它甚至会吸收速读项目中的书籍翻译。尽管输入源很混乱，但较其他翻译系统而言，谷歌的翻译质量相对而言还是最好的，而且可翻译的内容更多。到2012年，谷歌数据库涵盖了60多种语言，甚至能够接受14种语言的语音输入，并有很流利的对等翻译。

① 语料库指经科学取样和加工的大规模电子文本库。借助计算机分析工具，研究者可开展相关的语言理论及应用研究。

谷歌翻译以及国内百度翻译的出色表现，主要并不是因为它们的算法机制有多么的先进，而是它们利用了成千上万的互联网数据，其中不乏错误的数据。与之相反，Candide等翻译系统都是只采用官方数据作为语料库，尤其是布朗语料库，虽然拥有百万英语单词，而且经过了专家的仔细校对核实，务求精确，但是，再精确也弥补不了其数量上的缺陷。

彼得•诺威格博士[①]就此感叹道：“从某种意义上，谷歌的语料库是布朗语料库的一个退步。因为谷歌语料库的内容来自未经过滤的网页内容，所以会包含一些不完整的句子、拼写错误、语法错误以及其他各种错误。况且，它也没有详细的人工纠错后的注解。但是，谷歌语料库是布朗语料库的好几百万倍大，这样的优势完全压倒了缺点。”此外，诺威格还与同事在文章《数据的非理性效果》（*The Unreasonable Effectiveness of Data*）中提出了“大数据基础上的简单算法比小数据基础上的复杂算法更加有效”的观点，很有启发意义。

3.2.3 观察事物的全貌

在过去的“小数据”时代，任意一个数据点的测量情况都对结果至关重要。所以，人们需要确保每个数据的精确性，才不会导致分析结果的偏差。当大量数据迅速涌来时，人们就不再期待精确性，也无法实现精确性了。然而，除了一开始会与人们的直觉相矛盾，只要接受数据的不精确和不完美，人们反而能够更好地掌握事情的发展趋势，也能够更好地理解这个世界。

你在浏览一些网页时不仅可以点击“喜欢”按钮（类似于微信朋友圈的点赞），还可以看到有多少其他人也在点击。数量不多时，会显示像“36”这种精确的数字。当达到一定规模之后就只显示近似值，比方说“5000”。这并不代表系统不知道正确的数据是多少，只是在数量非常大时，确切的数值已经不那么重要了。另外，数据更新得非常快，甚至在刚刚显示出来时可能就已经过时了。所以，电子邮箱会确切标注在很短时间内收到的信件，比方说“7分钟之前”。但是，对于已经收到一段时间的信件，则会标注如“两个小

① 彼得•诺威格，人工智能领域的专家，担任过谷歌研究院主任，也是美国计算机协会（ACM）资深会员。

时之前”这种不太确切的时间信息。就如图 3.7 所示的 QQ 在线人数，系统似乎完全可以精确到个位数，但这种“精确”不仅没有必要，反而会导致结论不严谨。因为在任何一秒之内，都可能会有几十甚至几百人上线或者离线。所以，系统说这一刻有 2 亿人在线或者 215 000 000 人在线都没问题，唯独说有 215,709,009 这么“精确”是有问题的。

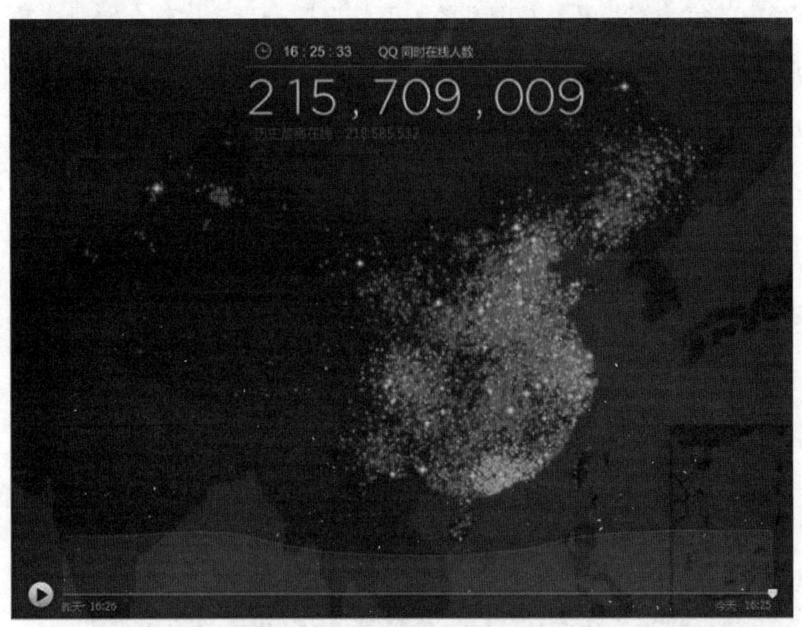

图 3.7 某一时刻的 QQ 在线人数

在上哲学课时，老师就告诫学生：“要抓住事物主要矛盾的主要方面，忽略次要矛盾的次要方面”。其实对于大数据来说也是一样，在很多场合下快速获得一个大概的轮廓和发展脉络，要比追求部分数据的精确性重要得多。何况，一旦人们的视野局限在可以分析和能够确定的数据上时，对事物的整体理解就可能产生偏差和错误。不仅失去了去尽力收集一切数据的动力，也失去了从各个不同角度来观察事物的权利。三国时期的著名政治家诸葛亮就拥有这种大数据时代的思维方式，他在读书求学过程中放弃了字斟句酌的精确性，而是博览群书、“独观其大略[①]”，最终取得了非凡的成就。

① 古人曾注：“略，谓举其大纲。”每一篇文章，每一本书籍，都有它最精粹的部分，抓住了它再进行深钻细研，就能较好地把握通篇的主要精神，使所学知识扎实深刻而不浅薄，从而达到事半功倍、融会贯通的效果。

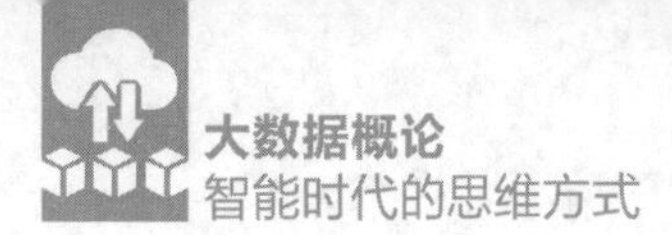

据《魏略》记载："亮在荆州，以建安初与颍川石广元、徐元直、孟公威等俱游学，三人务于精熟，而亮独观其大略。每晨夜从容，常抱膝长啸，而谓三人曰：'卿三人仕进，可至刺史郡守也。'三人问其所至，亮但笑而不言。"

大数据强调的这种"大局观"思维，也可以类比一下印象派的画风。如图3.8所示，走近细看，画中的每一笔感觉都是混乱的，但是退后一步，你就会发现这是一幅伟大的作品。因为你退后了一步，就放弃了对局部细节的精确观察，这反而促使你能抓住事物的主要方面，从而可以看出这幅画作的整体思路了。正如数据科学家维克托·迈尔-舍恩伯格所说："只要我们能够得到一个事物更完整的概念，我们就能接受模糊和不确定的存在。"

图3.8　莫奈的《日出·印象》

3.3 预测未来的能力

"预测未来"是一种多么神奇而又强大的能力，一听起来就会让人联想到那些"法师""先知""神谕者"。其实，人类文明一步一步走到今天，人们在很多情况下已经拥有了这种能力：古埃及人根据天狼星和太阳同时出现的位置，就能推算出尼罗河洪水到来和退去的时间，以及洪水的大小（这决定了可耕种土地的边界）；美索不达米亚平原上的苏美尔人通过观测月亮以及五大行星[①]的运行规律，就能够提前计算出日食、月食的发生时间；生活在黄河流域的古代中国人经过长年的实践和观察，发明了二十四节气[②]，能够预测出这一大片区域的天气气候和物候变化，指导着传统农业生产和日常生活。

3.3.1 相关关系的作用

其实，古埃及人、苏美尔人和中国人的这些预测能力都是建立在“相关关系”之上的。这些无可辩驳的事实进一步说明：只要找到一个现象的良好的关联物，相关关系就可以帮助人们捕捉现在和预测未来。换句话来说，如果 A 和 B 经常一起发生，人们只需要注意到 B 发生了，就可以预测 A 也发生了。这有助于人们捕捉可能和 A 一起发生的事情，即使不能直接测量或观察到 A；更重要的是，它还可以帮助人们预测未来可能发生什么。

相关关系的强与弱

相关关系是可以存在于多者之间的，不过，最简单的情况还是两者之间的相关关系，如图 3.9 所示。相关关系强是指当一个数据值发生变化时，另一个数据值很有可能也会随之发生变化。例如，一个人在学习上花费了很多时间，很可能学习成绩就会有所提高，就像图 3.9（a）的数据展示的那样；而一个人把大量的精力都投入各种社交、娱乐当中，很可能学习成绩就会有所下降，就像图 3.9（b）的数据展示的一样。相反，相关关系弱就意味着当一个数据值变化时，另一个数据值几乎不会发生变化或者无规律的变化。例如，人们调查身高和学习成绩的关系，很可能就会出现图 3.9（c）中数据所展示的情况。

① 古人认为行星只有金、木、水、火、土五个，因为肉眼还看不到天王星和海王星。

② 2016 年 11 月 30 日，联合国教科文组织正式通过决议，将中国申报的“二十四节气——中国人通过观察太阳周年运动而形成的时间知识体系及其实践”列入联合国教科文组织人类非物质文化遗产代表作名录。

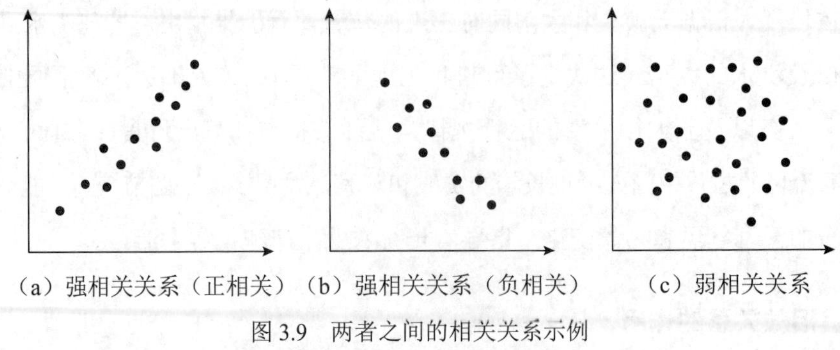

（a）强相关关系（正相关）（b）强相关关系（负相关）（c）弱相关关系

图 3.9　两者之间的相关关系示例

在 1.3 节中，举了两个利用数据挖掘进行营销策划的例子。沃尔玛公司正是将大量的数据整合分析之后，才发现了这条规律：如果商品之间具有一定的相关性，一般为互补品关系，就会增加商品的销售量。于是尿布和啤酒、水和蛋挞都被摆放在了一起，成为互补的固定搭档。此外，沃尔玛公司还发现了超市里蔬菜、肉类和食用油的销售比例一般应该为 100∶80∶10，如果不符合这个规律就很可能在价格、陈列或者质量上存在问题，这就需要采取措施进行及时干预了。

和沃尔玛同为折扣零售商的塔吉特公司[①]，也尤其重视大数据的相关关系分析。对于零售商来说，知道一个顾客是否怀孕是非常重要的。因为这是一对夫妻改变消费观念的开始，也是一对夫妻生活的分水岭——他们开始光顾以前不会去的商店，渐渐对新的品牌建立忠诚。塔吉特公司的市场专员们向分析部求助，看看有什么办法能够通过一个人的购物方式发现她是否怀孕。分析团队整合了所有签署婴儿礼物登记簿的女性的消费记录，找出了 20 多种关联物，给顾客进行“怀孕趋势”评分。这些相关关系甚至使得零售商能够比较准确地预测预产期，这样一来，塔吉特公司就能够在孕期的每个阶段给客户寄送相应的优惠券，进行有针对性的促销（如图 3.10 所示）。

① 塔吉特（Target）公司成立于 1962 年，目前已成为美国第二大零售商，拥有美国最时尚的“高级”折扣零售店。

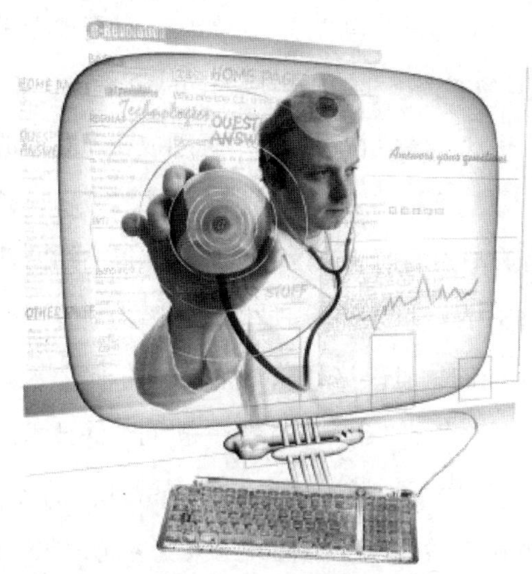

图 3.10　塔吉特知道你怀孕了

《纽约时报》的商业调查记者查尔斯·杜西格就在一份报道中阐述了塔吉特公司怎样在完全不和准妈妈对话的前提下，预测一个女性会在什么时候怀孕，还讲述了一个真实案例。一天，一个男人冲进了一家位于明尼阿波利斯市郊的塔吉特商店，要求经理出来见他。他气愤地说："我女儿还是高中生，你们却给她邮寄婴儿服和婴儿床的优惠券，你们是在鼓励她怀孕吗？"而当几天后，经理打电话向这个男人致歉时，这个男人的语气变得平和起来。他说："我跟我的女儿谈过了，她的预产期是 8 月，是我完全没有意识到这个事情的发生，应该说抱歉的人是我。"

在大数据时代之前，常人很难掌握相关关系的分析方法。不仅因为普通人接触到的数据很少（收集数据很费功夫且需要足够的资源），而且需要一些建立在理论基础上的假想来指导如何选择适当的关联物，正所谓"大胆假设，小心求证"。但在很多时候，如果事先有了定论，再找数据来证实它，总能找到有力的证据，而这些看似被数据证实的结论，很可能与真实情况相差十万八千里。中国古代"疑人偷斧"的故事就是一个很好的例证。所以在小数据时代，如果理论基础薄弱，对数据不敏感，或者悟性不高，人们就没法提出自己的想法，更别说进一步论证了。于是，听从专家（老师长辈或古圣先贤）的意见成了解决问题的不二法门。

全球知名的网上零售商亚马逊公司[1]，一开始时就是聘请专家来发掘好的书籍推荐给人们。当时，一个由20多名书评家和编辑组成的团队创立了“亚马逊的声音”这个版块，他们写书评、推荐新书，挑选非常有特色的新书标题放在亚马逊的网页上。这个团队成为当时公司这顶皇冠上的一颗宝石，是其竞争优势的重要来源。《华尔街日报》的一篇文章热情地称他们为全美最有影响力的书评家，因为他们使得书籍销量猛增。

公司的软件工程师格雷格·林登并不满足现状，因为他发现专家推荐没有针对不同的人群，更没有针对每个不同的读者，这种缺乏个性化的推荐将会制约亚马逊的进一步发展。于是，他和同事申请了著名的“item-to-item”协同过滤技术的专利，并据此建立了亚马逊的推荐系统（如图3.11所示）。这个系统主要是寻找产品之间的关联性，速度很快，适用范围广，而且使用的用户数据越多，推荐结果就会越理想。林登回忆道：“在组里有句玩笑话，说的是如果系统运作良好，亚马逊应该只推荐你一本书，而这本书就是你将要买的下一本书。”

图 3.11　亚马逊能预测你的需求

协同过滤推荐的基本原理

随着互联网2.0时代的到来，Web站点更加提倡用户参与和用户贡献，基于协同过滤的推荐方法也被广泛应用于各大电商网站。它的思想很简单，就是根据用户对物品或者信

① 亚马逊（Amazon）成立于1995年，位于华盛顿州的西雅图，是较早开始经营电子商务的公司之一，现已成为全球商品品种最多的网上零售商和全球第二大互联网企业。

息的偏好，发现物品或者内容本身的相关性，或者发现用户的相关性，然后再基于这些相关关系进行推荐。基于协同过滤的推荐可以分为三个子类：基于用户的推荐、基于项目的推荐和基于模型的推荐。现在各大电商网站的推荐系统一般都不是只采用某种单一的推荐的机制和策略，而往往是将多个方法混合在一起，从而达到更好的推荐效果。

这里简单介绍一下基于用户的协同过滤推荐方法（其他两种方法可以查阅相关技术文档）。它的基本原理是，根据所有用户对物品或者信息的偏好，发现与当前用户偏好（口味）相似的“邻居”用户群。然后，基于偏好最相似的 n 个“邻居”用户的历史偏好信息，为当前用户进行推荐。如图 3.12 所示，假设用户 A 和用户 B 都喜欢商品 1、2 和 3，那么可以推断这两个用户的偏好是比较类似的。如果发现用户 A 还喜欢商品 4，就可以推断用户 B 可能也喜欢商品 4，因此系统将商品 4 推荐给用户 B。同理，也可以把用户 B 喜欢的商品 5 推荐给用户 A。

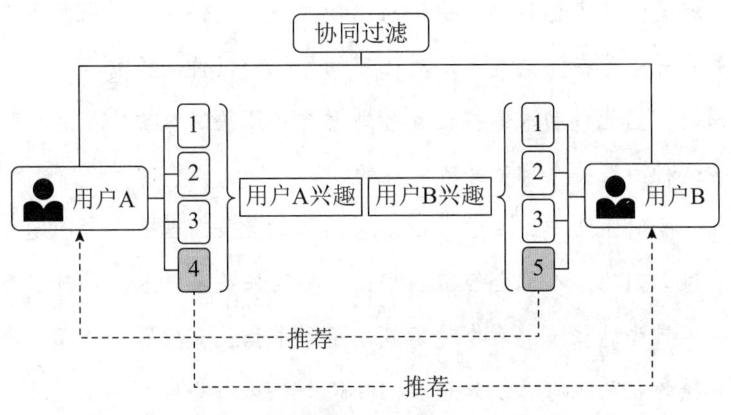

图 3.12 基于用户的协同过滤推荐机制的基本原理

以前的书评家是要了解客户做出选择背后的原因是什么，才能决定推荐什么，因此专业技能和理论基础受到了高度重视。而亚马逊的推荐系统仅仅是发现了商品或用户之间的相关关系，并不知道其背后的原因。但它推荐产品所增加的销售远远超过了书评家们的贡献，而且更加节省成本、更加具有针对性（个性化推荐）。随着亚马逊书评组的解散，推荐系统开始彻底改变电子商务，同时也印证了一个实用主义的观点：“知道是什么就够了，没必要知道为什么”。

这听起来似乎有点违背常理。毕竟，人们都希望通过因果关系来了解这个世界。人们也相信，只要仔细观察研究，总会发现万事万物的起因。了解事情的起因难道不是人们最大的愿望吗？于是，当几件事情连续发生时，人们会习惯地从因果角度看待它们，而忽略了其他因素。例如，人们看到这句话：“小明迟到了。教导主任来了。任课老师生气了。”立马就会认为任课老师之所以生气，就是因为小明在教导主任检查的时候迟到了。实际上，大家不知道到底是什么情况，但是还是容易臆想出这种因果关系。

思考，快与慢

丹尼尔·卡尼曼[①]在《思考，快与慢》一书中写道：人有两种思维模式，第一种是不费力的快速思维，通过这种思维方式几秒就能得出结果；另一种是比较费力的慢性思维，对于特定的问题，就是需要考虑到位。快速思维模式使人们偏向用因果联系来看待周围的一切，即使这种关系并不存在。这是人们对已有的知识和信仰的执着。在古代，这种快速思维模式是很有用的，它能帮助人们在信息量缺乏却必须快速做出决定的危险情况下化险为夷。但是，通常这种因果关系都是并不存在的。

卡尼曼指出，平时生活中，由于惰性，人们很少慢条斯理地思考问题，所以快速思维模式就占据了上风。因此，人们会经常臆想出一些因果关系，最终导致了对世界的错误理解。例如，父母经常告诉孩子，天冷时不戴帽子和手套就会感冒。然而，事实上，感冒和穿戴之间没有直接的联系。有时，如果人们在某个餐馆用餐后生病了，就会自然而然地觉得这是餐馆食物的问题，以后可能就不再去这家餐馆了。事实上，人们肚子痛也许是因为其他的传染途径，例如和患者握过手之类的。然而，人们的快速思维模式使他们直接将其归于任何能在第一时间想起来的因果关系，因此，这经常导致人们做出错误的决定。

---

① 丹尼尔·卡尼曼，普林斯顿大学心理学专家，行为经济学的代表人物，同时也是2002年诺贝尔经济学奖得主。他对经济学的贡献在于“将心理学的前沿研究成果引入经济学研究中，特别侧重于研究人在不确定情况下进行判断和决策的过程”。

在学生时代，经常会有老师给学生灌输一些“错误”的因果关系。如图 3.13 所示，“在学习上花费的时间越多，学习成绩就越好”。实际上，很可能是先有了足够浓厚的学习兴趣，才导致了学生在学习上花费的时间长，同时也导致了学习成绩优异。所以，学习时长和学习成绩之间只是相关关系而已。又比如，“经常参加模拟测验，考试分数就高”。实际上，很有可能是学生经常参加模拟考试的行为，引起了老师的关注——“这个学生很上进嘛”，然后老师的鼓励又提升了该生的自信心和执行力，进而影响到了考试分数。所以，模拟测验和考试分数之间也只是相关关系而已。其实，这里面还有更多、更复杂的相关因素，人们没有经过严格的证实，就凭直觉形成了自以为正确的因果关系。这不仅是对师长的敬重和信仰的执着，也是大脑用来避免辛苦思考的捷径吧。

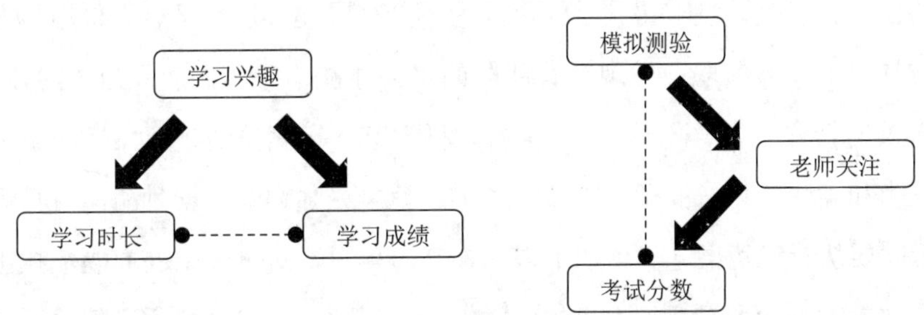

图 3.13　曾经误认为是因果关系的相关关系

3.3.2　科学研究的奥秘

那么如何才能得到人们想要的因果关系呢？显然不能只是通过简单的观察和联想，即使慢慢思考和反复地调查，想要发现因果关系也是很困难的。现代科学的方法论告诉人们：“得到因果关系的唯一途径是做实验。”在一个正规的实验中，研究者会在可控的情境下精心操纵和改变其中一个变量，观察这种改变对其他变量的影响，以此来考察两个或多个变量之间的关系。

有意识地通过做实验来寻找因果关系的典型事例，最早发生在 1747 年一艘英国皇家海军的航船上。当时，随着大航海时代的到来，坏血病开始彰显了它的可怕威力，无情夺走了众多远航船员的性命。15 世纪著名的葡萄牙航海家达伽马的船队绕过非洲到达印度

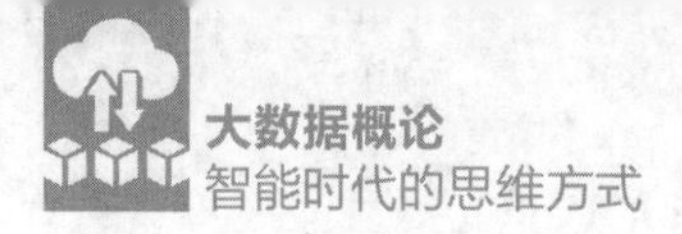

的航线，他的 160 名船员中就有 100 多人死于坏血病；16 世纪麦哲伦远洋船队有 200 多名船员，因为坏血病只剩下 35 人到达目的地。

英国医生詹姆斯 • 林德一直在根据收集的资料和见闻寻找治疗坏血病的方法。于是，他找到了很多相传有效的治疗物：醋、苹果汁、稀硫酸、海水、树皮汁和柑橘类水果。在这次航船上暴发坏血病时，他决定做一个大胆的实验。他挑选了 12 名病情严重的海员，将他们分成了 6 组，给每组都配备了相同的食物和居住环境。然后，每一组在此基础上分别增加一种治疗物。几天之后，林德发现吃柑橘类水果的组员竟然基本康复了，而其他组的病情却没有什么起色。于是，林德在《论坏血病》与《保护海员健康的最有效的方法》等论文中，介绍了他的饮食疗法。

林德的研究在当时并没有得到重视，因为不是很灵光。后来又有人采用他的“分组对照实验”方法进一步做实验，发现只有新鲜的水果才能治疗坏血病（当时的技术条件下，很难保持水果的新鲜度）。一直到两百年后，科学家才彻底搞清楚坏血病的全部机理，原来是因为人类和某些动物（猴子、豚鼠、鸟类、鱼类）体内缺乏一种酶，自身无法合成维生素 C，所以要从新鲜蔬果这类食物中得到补充。可见，对于复杂的问题，找出其中的因果关系难度非常大，除了需要做大量的科学实验，还要靠足够的物质条件、无数先人的铺垫、研究者的智商和努力，甚至还需要一些运气。如果一味强求因果，不仅可能出现急于求成的谬误，而且会延误病情。

相比较而言，大数据的相关关系分析法更准确、更快，而且不易受到偏见的影响。早在 15 世纪初期，我国郑和下西洋的船队就非常庞大（27 000 名海员），航程非常遥远（到达了非洲），出行也非常频繁（一共七次），却从未发生过因坏血病而大量死人的事故。这不是因为明代的科技发达到了知道维生素 C 和坏血病的因果关系，而是因为中国的古人很早就在生活实践中发现了豆芽、绿茶和坏血病的相关关系（负相关）。于是，中国船队上货箱的空隙里都放上了黄豆，很快就长成了豆芽，这也起到防止瓷器等易碎货物相互碰撞的作用。船员们每天吃着豆芽菜，饭后再泡上几杯绿茶，这就解决了日常所需维生素 C 的补充问题。

验证因果关系究竟有多难？

林德在治疗坏血病的过程中提出的“分组对照实验”方法，这是现代医学的基础，也是人们论证因果关系的根基。例如，一名医学家发明了一种治疗感冒的新药，为了检验药效，他找来20个感冒患者每天吃一次，10天之后他们都痊愈了。这个研究成功了吗？还没有。你完全可以质疑说这20个人不吃药也可能会在10天之后自行好转（人体有自愈能力[①]嘛）。于是，研究者还需要一个控制组，他们也感冒了但不吃药。十天之后，对两组的健康状况进行比较，如果此时实验组明显好于控制组，才能说明新药确实有效。可以说，通过设置控制组，研究者才能排除其他可能因素的干扰，确证变量间的因果关系。

有了这种“分组对照实验”，就可以得到因果关系了吗？不一定。二战时期，美国军医毕阙参加了一次登陆作战。在救治伤员的过程中，发现没有吗啡（一种麻醉剂）了，只好用生理盐水来“冒充”。奇怪的事情发生了，伤员在手术过程中就像被麻醉了一样控制住了疼痛。于是，毕阙提出了医学上著名的安慰剂效应——病人虽然获得无效的治疗，但却“预料”或“相信”治疗有效，而让病患症状得到舒缓的现象。自此以后，“分组对照实验”都要加上一个条件——“盲测”。就是对实验组和控制组都要隐瞒实验目的，让控制组也服用没有效果的“假药”。由于两组被试都不知道他们接受的治疗是真是假，所以研究结果发现的任何差异都可以归因于药物而不是其他心理作用。

那么，“盲测”之后就可以得到因果关系了吗？也不一定。发放药品的医生知道哪个是真药、哪个是假药，其态度的变化、情绪的高低，被测试的对象还是可以感受得到的。研究人员的期望也是一个对实验结果产生影响的因素，需要排除在外。于是，“盲测”还不够，得“双盲测”——被试以及跟被试发生互动的研究人员均不知晓药物的真假，这样研究者就能够更加精确地考察出药物的效果，彻底排除心理因素的干扰。

“双盲分组对照”就可以得到因果关系了吗？还不一定。如果分给实验组的都是五大

---

① 自愈力就是生物依靠自身的内在生命力，修复肢体缺损和摆脱疾病与亚健康状态的、依靠遗传获得的、维持生命健康的能力。

三粗的壮汉，分给控制组的都是老弱病残幼，就算药实际上没什么效果，那实验组也可能明显好于控制组，所以又用到了统计学的方法——随机采样，即每组都有差不多比例的男性或女性、低免疫力者、高免疫力者……“随机采样的双盲分组”就可以得到因果关系了吗？还是不一定。如果样本的数量太小的话，得出的结论是靠不住的，所以样本越多越好，最好是总体，这样实验得出结论更靠谱。于是就出现了一个名词——大样本随机对照实验。

那么，“大样本随机对照实验”就可以得到因果关系了吗？依然不一定。只能说对一个假说的实验条件控制得越严格，就表明相关关系越强。相关关系越强，因果关系真实存在的可能性就越大，何况，现实中有些证明因果关系的实验是无法完成的。它们要么不切实际——像宇宙大爆炸，要么违背社会伦理道德——像日本 731 部队为找出新病菌和患病之间的因果关系而置人的生命于不顾。

如图 3.14 所示，要发现相关关系，只需要整理分析已有的观测记录就可以了，具有“耗资少、费时短、比较全面”的特点，在生产生活中见效更快、更好用一些；而要验证因果关系，则需要在严苛的条件下进行“大样本随机对照实验”，具有“耗资多，费时长，相对片面”的缺陷，得出结论的过程相对滞后，还不一定好用。所以说，大数据时代的思维变革，让人们清楚了因果关系只是一种特殊的相关关系，它将不再被看成是意义的唯一来源。

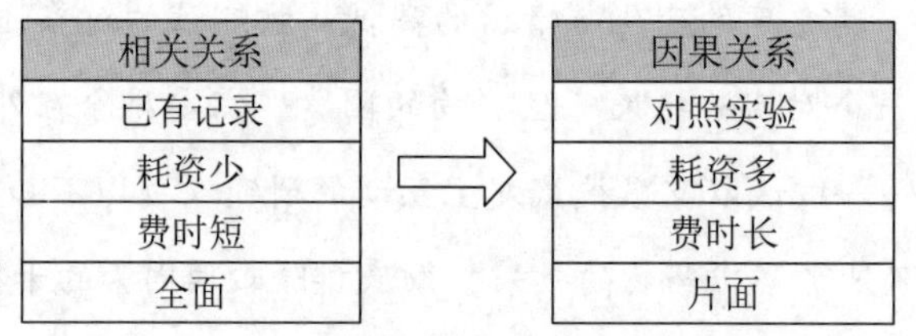

图 3.14　在生活中使用相关关系，在科研中探究因果关系

当然，因果关系还是有用的，很多情况下，人们依然指望用因果关系来说明他们所发现的相互联系。何况，相关关系分析本身也为研究因果关系做好了铺垫：通过找出可能相

关的事物，人们可以在此基础上进行因果关系的分析实验。如果存在因果关系的话，再进一步找出原因。这种便捷的机制降低了因果分析的成本，避免了重复工作。

随着各种各样数据的全面开放、信息处理技术的飞速发展，一般人都可以直接使用相关关系来改善自己的生产生活，不再受限于各种假想。至于因果关系，大家不要过于奢求，还是让学者在科研中严谨地探索吧！

第 4 章

应用：开启智能的革命

我们可以谦逊地在机器的帮助下过上好日子，也可以傲慢地死去。

——诺伯特·维纳（美国数学家，控制论的创始人）

理解事物的最好方式就是创造它。

——硅谷流行语

前面的章节提到，数据的作用自古有之，并非到了今天大家才意识到。但是在过去，数据的作用常常被忽视，相比之下人们更看重圣人之言和个人经验。这里面有两个主要原因：第一，过去的数据量不足，积累大量的数据所需要的时间太长，以至于在较短的时间里它的作用不够明显；第二，数据和所想获得的信息之间的联系通常是间接的，要通过不同数据之间的相关性才能体现出来，而且要耗费大量的人力、物力以及漫长的时间来验证它。

进入信息时代之后，各种数据的增长速度越来越快，人类拥有的数据总量已经达到了惊人的规模。而且随着技术的不断进步，数据收集、存储和分析的瓶颈也已经被逐渐突破。正如吴军博士①所说："如果我们把资本和机械动能作为大航海时代以来全球近代化的

① 吴军，著名语言处理和搜索专家，是谷歌搜索中日韩文搜索算法的主要设计者。著有《数学之美》《浪潮之巅》《文明之光》《大学之路》《智能时代》《全球科技通史》等科普畅销书。

动力，那么数据将成为下一次技术革命和社会变革的核心动力。”于是，国内外的企事业单位纷纷采取行动，渴望能够赶上大数据的时代浪潮。

对于各个政府部门是否都要建立专门的大数据机构，各个企业是否都要转型做IT，这类问题因人而异，没有一个统一的答案。但在以下两方面，还是有共性的：第一，无论是政府、企业还是其他组织，在团队人员构成上都要考虑加入一些大数据领域的专家（或兼职顾问），这样才能准确判断和决定未来的技术方向发展；第二，多数企事业单位并不需要亲自掌握大数据相关的各种技术，而是要率先转变自己使用数据的观念，积极了解并敢于尝试这方面的前沿技术。在不久的将来，大数据技术的相关工具很可能就像水和电一样成为一种资源，由专门的公司提供给全社会使用。

4.1 创新商业服务的模式

自古以来，人们为了满足自己的多种需求，从以物易物的方式逐渐发展出了现代商业这种社会活动。作为人们交换商品的一种方式，市场不仅随着商业活动一直壮大，而且是一项令人赞叹的社会创新——它使人与人之间的协作变得轻松又高效。当所有参与者都了解了相关的销售信息，并将其转化为合适的买入（或卖出）决策时，市场就良性运转起来。

当然，要做到这一点，就需要交易的每个参与方都能拥有便捷的渠道来获取任何有用的信息。然而，海量信息在市场上的传播一直都是非常困难且代价高昂的，所以人们一直采用一种变通的方法：将所有信息压缩成一个单一的评价指标——“价格”，并通过金钱来传达这一信息。事实证明，当信息被压缩时，一些细节和差别就丢失了，交易方案就无法达到最优。

大数据技术的出现，为现有的商业服务模式指明了一条创新之路。人们不仅可以获取更加全面的信息，而且拥有做出智慧决策以及优化交易流程的数字工具。这一切将产生巨大的影响——不只对公司和管理者，而且对所有市场交易的参与者，包括经理、雇员和消费者。

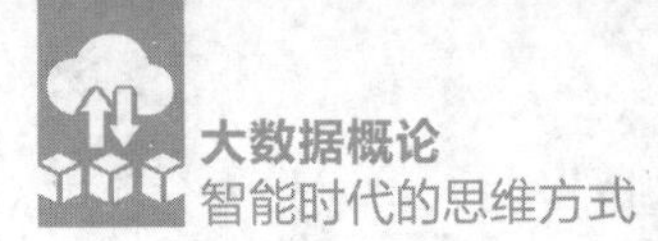

4.1.1 互联网企业的优势

类似沃尔玛或者梅西百货这样的传统商店，货物的摆放是很有讲究的。这些店的货架基本上可以分为两种。第一种，商店摆放的商品位置基本上是固定的，这样可以方便老顾客顺利找到他们想要的东西，例如，1 ～ 10 排是洗漱用品，11 ～ 15 排是文具，16 ～ 20 排是食品，等等。第二种，商店一进门的货架摆放促销的、当下热门的或者与季节相关的商品，这类货架虽然数量不多，却产生了可观的营业额。但这类货架应该摆什么商品，过去基本上是凭经验来，而积累经验时即使用到了数据的相关性，过程也非常缓慢。例如，沃尔玛的商家发现在暴雨、飓风等恶劣天气时，手电筒等应急物品卖得很好，那么他们就在坏天气来临之前把这些商品放在一进门的货架上。除此之外，沃尔玛也发现坏天气时一些方便早餐的销量特别好，例如甜甜圈和蛋糕，因此这些方便早餐和手电筒等应急物品可以放在一起卖。

一些人把这种规则的发现也看成是大数据的应用，其实它更多的是传统意义上数据挖掘的应用，因为它的规律性是慢慢被观察到的，而且做不到针对每个顾客来动态修改。事实上，沃尔玛在 20 世纪 80 年代就遍布美国和世界上很多国家了，但是它通过销售数据优化货物摆放搭配是到了 21 世纪之后的事情。

新一代的网上商店做法就不同了，它们从一开始就直接利用数据提升销售，例如沃尔玛最大的竞争对手——亚马逊（国内同级别的商家就是阿里巴巴了）。亚马逊的优势倒不在于价格便宜，事实上美国实体店和网上的价格差不太多，这和中国的电商还是有很大区别的。它的真正优势是能够有针对性地给用户推荐商品，这占到亚马逊销售额的 1/3。为什么亚马逊能够做到这一点而沃尔玛做不到呢？这涉及电子商务公司独有的三个特点。

（1）电子商务公司的交易数据是通过互联网及时而完整地记录下来的，而且是随时可以分析使用的。因此亚马逊挖掘到类似廉价早餐点心和应急用品的搭配只需要几个小时。虽然沃尔玛等传统的公司的交易数据也都是保留完好的，但都是支离破碎地存放在各处，有些还存放在第三方（其他 IT 服务公司），用起来并不方便。

（2）电子商务公司拥有顾客全面的信息。例如，甲上周买了一台数码相机，之前他还购买了几个玩具，同一个地址的乙前两天买了婴儿用的浴液。那么可以联想到甲和乙是一家人，他们有个出生不久的婴儿，甲买数码相机或许是为了给孩子照相。他们或许会对在线冲印照片（并做成贺年卡）或者电子相框有兴趣。如果将他们的地址和个人住宅信息网站关联起来，很容易了解到他们的住房价值，进而估计出他们的收入。而这些条件是沃尔玛所不具备的。

（3）电子商务公司的任何市场策略都能立马实现。例如，他们能够随时捆绑商品，并且随时调整价格进行促销。而沃尔玛等实体店都需要在晚上关门之后才能进行价格调整，因此即使它们数据分析的速度和亚马逊一样（当然这是不可能的），在市场上的反应也跟不上亚马逊这样的电商公司。

2015 年 7 月，亚马逊的市值超过了沃尔玛（如图 4.1 所示），这标志着一个新时代的到来——以大数据为基础的电子商务将超越传统的零售商业。后者并非不能利用大数据，只是在个性化和时效性等方面，很难做到像互联网企业那么有效而已。

图 4.1　亚马逊力压沃尔玛

时至今日，无论是在电商网站还是各个实体店里，商品的种类已经多得让人目不暇接，层出不穷的附加功能甚至让人产生了认知负担。这个时候，有针对性的推荐就变得尤为重要了，因为只有真心地帮助顾客做好决策才能更持久地激发其购买欲望。在这方面，以亚马逊、阿里巴巴和京东等公司为代表的电商公司有着巨大的优势。它们通过互联网的灵活性玩出新的花样，时不时地进行捆绑促销，定期举办“618”和“双十一”这类购物节。顾客在心理上感到了占便宜，觉得节省了很多钱，那是按照单价来衡量的；从花钱总量上讲，人们释放出了巨大的消费潜能，每年花的钱越来越多，而且增长很快。根据国家统计局公布的数据，2012 年之后中国的社会消费零售总额的增长速度远远高于 GDP 的增长，而且一直保持两位百分数的增长率。

奈飞公司（Netflix）是美国的一家影片租赁提供商，能够提供超大数量的 DVD，而且能够让顾客快速方便地挑选影片，同时免费递送。其早期的商业模式是将电影的 DVD 用快递送给用户，用户看完后再将 DVD 放到一个已付邮资的信封中寄回给奈飞。不过用户手上只能同时保留 1 ～ 4 张 DVD，只有奈飞收到寄回的 DVD，才会给用户寄出他想看的下一张。奈飞的收费从每月 8 美元到 18 美元不等，取决于用户手上能同时保留几张 DVD。考虑到邮寄的周期通常是一周，因此算下来相当于花 2 ～ 3 美元在家看一场电影。

奈飞在它早期的 10 年间发展速度一般，不仅用户增长速度不快，而且活跃度也不高。当时的用户都有一个共同的特点，就是在头几个月把过去想看的电影都看了，接下来就不知道该看什么了。虽然奈飞也会推荐一些好片子给用户，但是由于它并不了解每个人的需求（个人的口味相差很大），因此推荐的常常是最热门的或者评分最高的电影。这种缺乏个性化的推荐效果并不好，导致原本以 18 美元订购的用户，改成每月花 8 美元；而原本看得不多（每月花 8 美元）的用户，就干脆退订了。

随着互联网的发展，奈飞将邮寄改为通过宽带在线观看（如图 4.2 所示）。这种改变不仅方便了用户的租赁、节省了运营成本，更重要的是公司能够收集到更加全面的用户行为数据，例如搜索、评分、播放、快进、回放、时间、地点、终端等。随着数据量的积累，奈飞的推荐系统 Cinematch 越来越靠谱、准确。它不仅知道每个用户喜欢什么样的电影（风格、题材、导演、演员），而且知道它给用户推荐的效果是否好（是否点击观看，是否看到一半就转去看别的节目了，等等），这些数据是过去其他传媒公司无法获得的。如今，用户所观看的节目有 3/4 是它推荐的。

图 4.2 奈飞利用大数据提升服务质量

靠着精准的推荐，奈飞的用户活跃度在不断提升，而一些有线电视和卫星电视的付费用户，也开始终止原来的服务（或退掉部分套餐），改用奈飞。从 2008 年开始，奈飞的业务量剧增，到了 2014 年，奈飞的流量就已经占到美国峰值流量的 1/3 以上，并且为全世界大多数国家提供在线电影服务。2016 年，奈飞公司的市值已经超过传统卫星电视网 Dish Network 和默多克的 Direct TV。2019 年，奈飞的市值已有 1500 多亿美元，是 Dish Network 的 10 倍左右，而 Direct TV 已经退市了。

和亚马逊类似，奈飞公司也是“互联网企业”，它的数据同样具有较强的时效性，可以根据用户的反应很快调整它的市场策略，这种灵活性也是过去那些事先安排好一周节目单的有线电视网所不具备的。

随着业务的增长和公司的发展，奈飞开始了更加长远的规划——积极转型，探索影视剧的自制模式。毕竟，奈飞可以通过互联网机顶盒获取大量的用户行为数据，对节目内容进行多维度、无死角的数据分析，例如剧本类型、演员阵容、故事情节、节目情调、导演风格等。所以，奈飞在接触到影视剧投资之前，就已经清楚了用户很喜欢大卫・芬奇（《社交网络》《七宗罪》的导演），也了解凯文・史派西主演的片子表现都不错，还知道英剧版的《纸牌屋》很受欢迎。总之，多种因素的相关关系表明，奈飞在这件事上值得赌一把。

于是，在确定导演、演员和主题后，奈飞高管在该剧的样片出品之前就承诺将花费重金、提前付酬，让制片团队不用担心收视率，不用争取时段，投资方在艺术上也基本不做干涉（意思是制作团队可以保有剪辑权和版权，这个诱惑最大），这在业内是非常罕见的。不出所料，新版《纸牌屋》在2013年2月上线后，在美国等40多个国家成为最热门的在线剧集。仅第四季度，奈飞在美国就新增233万新用户，全美总用户数高达3340万，比美国有线电视业界老大HBO（Home Box Office）的用户数还多300万。与此同时，奈飞2013年的营收和利润增长远远超过了投资者和分析师预期。

同样，亚马逊通过它的Kindle电子书阅读器也收集了大量的用户行为数据，例如，读者在哪些地方一掠而过，在哪些地方反复品读，在哪些地方做了标注。书商肯定很乐意知道哪些段落是受读者喜欢的，因为这样他们就能提高销量；作者应该也想知道书籍的哪些地方不受读者欢迎，这样他们就能根据读者的喜好提高作品质量；出版社则可以通过这些数据知道哪些主题的书籍更有可能成为畅销书。但亚马逊把这些数据都雪藏了（没有卖给作者或是出版社），莫非也是在等待适当的时机，探索书籍的自制模式？

大数据改善旅游服务

过去，人们出差或度假时，不得不提前关注电视或者报纸上的广告，还要从旅行社的人那儿核实一下那些华丽的营销文字和炫目的照片是否属实。如果有幸认识去过那儿的人，就很可能会按照那个人的建议做出选择。

随着互联网的出现，这种情形大为改变。人们在选择酒店时，首先会在网站上对海量的信息进行筛选，包括服务评级、用户评论、客人发布的照片等。人们可以很快地将酒店的位置、便利设施和服务质量进行比较。而且，在电子地图的帮助下，可以进行沿途的路径规划和休闲服务推荐。价格方面就更不用说了，不同价位的在线对比和电子优惠券的发放，都能帮助人们做出最合适的选择。

当然，如果你懒得费脑筋对这么多数据进行处理，旅游公司也会利用大数据技术帮你做好决策。一旦你登录其App注册为会员，上传一些个人数据。你就可以提交自己的要求，让其进行旅游路线的个性化定制，或者直接接受其旅游产品的个性化推荐，甚至还可以抢先体验一把利用虚拟现实技术实现的在线虚拟旅游。

4.1.2 物联网技术的加成

物联网技术的发展，尤其是传感器技术的发展，让人们能够把一个从不被认为是数据，甚至不被认为和数据沾边的事物转化成可以用数值来量化的数据模式，然后通过大数据分析进行实际应用。这方面的典型代表人物就是日本先进工业技术研究所的越水重臣教授。

很少有人会认为能够从一个人的坐姿上得出什么信息，但是它真的可以。如图 4.3 所示，当一个人坐着时，他的身形、姿势和重量分布都可以量化。越水重臣和他的工程师团队通过在汽车座椅下部安装总共 360 个压力传感器以测量人对椅子施加压力的方式。把人体的“屁股特征”转化成数据，这样就会产生独属于每个乘坐者的精确数据资料。在这个实验中，该系统能根据人体对座位的压力差异识别出乘坐者的身份，准确率高达 98%。这项技术如果用于汽车防盗系统的话，汽车就能通过数据采集和分析识别出驾驶者是不是车主；如果不是，控制系统就会要求司机输入密码；如果司机无法准确输入密码，汽车就会自动熄火甚至报警。

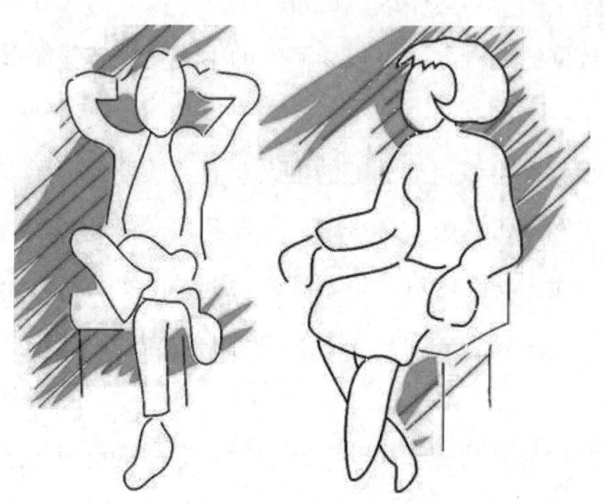

图 4.3　你的坐姿传递了很多信息

这个研究可谓给人们涨了见识——原来传感器还可以这么玩儿，大数据还可以这么用。一旦把一个人的坐姿转化成数据后，这些数据就孕育出了一些切实可行的服务和一个前景光明的产业。例如，通过汇集这些数据，人们可以利用事故发生之前的姿势变化情况，分析出坐姿和行驶安全之间的关系。这个系统同样可以在司机疲劳驾驶时发出警示或者自动刹车。同时，这个系统不但可以发现车辆被盗，而且可以通过收集到的数据识别出盗贼的身份。

在美国，一半小型企业（包括餐馆等）的寿命不超过 5 年，酒吧也是如此。它们之所以经营不下去，除了一般所说的经营不善，更重要的是大约 1/4 的酒都被调酒师偷喝了，或者趁老板不在的时候私自喝一点，或者给熟人朋友免费的和超量的酒饮。由于每一次交易的损失都非常小，不易察觉，所以酒吧的老板平时必须盯得紧一点，如果有事离开一会儿，只好认倒霉。可以说，做这种餐饮买卖的人特别辛苦，稍微不注意就开始亏损。

为了解决这个问题，硅谷的一位创业者设计出了一套解决方案——改造酒吧的酒架，装上可以测量重量的传感器以及射频识别（RFID）读写器，然后在每个酒瓶上贴上一个 RFID 标签。这样，哪一瓶酒在什么时候被动过，倾倒了多少酒都会被记录下来，并且和每一笔交易匹配上。酒吧的老板可以用平板电脑查询每一笔交易，因此即使出门办事也可以了解酒吧经营的每一个细节。这个改造还带来了一个额外的好处：积累了酒吧长时间内的经营数据。在这些数据的基础上，可以为酒吧的主人提供一些简单的数据分析服务，包括以下 3 方面。

（1）通过分析统计数据可以帮助酒吧的主人全面了解经营情况。在过去，像酒吧这样传统的行业，业主除了知道每月收入多少钱，主要几项开销是多少，其实对经营是缺乏全面了解的。至于哪种酒卖得好，哪种卖得不好，什么时候卖得好，全凭经验和自己是否上心，没有合适的技术手段来把控。而这个方案提供的数据分析让这些酒吧老板对自己的酒吧有了准确的了解。

（2）为每一家酒吧的异常情况提供预警。通过数据分析可以提示酒吧老板某一天该酒吧的经营情况和平时相比很反常，这样就可以引起酒吧老板的注意，找到原因。在过去，发生这种异常情况时老板很难注意到，例如，某个周五晚上的收入比前后几个周五晚上少了20%，老板们一般会认为是正常浮动，也无法去检查库存是否和销售对得上。有了这个系统提供的数据服务，这些问题都能及时被发现。

（3）综合各家酒吧数据的收集和分析，可以为酒吧老板们提供这个行业宏观的数据作为参考。例如，从春天到夏天，旧金山市酒吧营业额整体在上升，如果某个特定酒吧的销售额没有增长，那么说明它可能有问题。系统还可以提供不同酒的销售变化趋势，例如，从春天到夏天，啤酒的销量上升比葡萄酒快，而烈酒的销售平缓等。这些数据有助于酒吧老板们改善经营。

大数据促进商业模式的改变

通用电气（GE）公司是美国电气行业的龙头老大，它的电冰箱等家电产品的口碑一直不错。自从亚洲制造冲击美国市场之后，GE家电部门的利润率就开始下降，不得不靠给购买家电的顾客贷款来维持。但在2008年金融危机中，很多人还不上借款，导致GE家电部门严重亏损。

正所谓穷则生变，GE开始将WiFi[①] 安装到冰箱上，用来提示用户更换冰箱取水器的滤芯等消耗性材料。这些滤芯通常需要半年一换，但大部分用户都做不到，即使冰箱上的指示灯已经亮了。而连接上网后，冰箱就可以通过手机App来提醒用户需要更换滤芯了，只须在手机上点击确认，GE就会用快递将滤芯直接邮寄过来，提高更换率的同时节省了中间环节。要知道，两个滤芯的利润就抵得上一台冰箱的利润了。

当然，作为一家相对传统的企业，GE在这条路上走得还不够远。它虽然通过获得用户数据来赚取滤芯的钱，但并没有完成从产品销售到提供服务的转变。再进一步，可以把冰箱看成商场货架的扩展，通过增添各种传感器能够收集到用户购买食物的习惯，以及顾客对食品消耗的程度，然后通过手机等网络终端提示用户补充食物。这种冰箱还可以安装智慧屏幕，让顾客通过触摸屏直接从电商公司购买食品。

① 通常也写作“Wi-Fi”，中文名字“无线热点”，英文全称“Wireless-Fidelity”，是一种允许电子设备连接到一个无线局域网的技术。

虽然上述功能还没有完全实现，但是今天的一些智能冰箱，例如，海尔或三星等公司的一些产品，已经可以和电子商务对接了。2016 年，海尔公司与易果生鲜合作，将海尔冰箱作为延伸到家庭和单位后厨的冷藏货柜，由易果生鲜提供各种农产品。为了保证供货的质量，双方共同开发了基于 RFID 的产品跟踪技术，消费者还可以了解产品的种植、加工、仓储、物流等过程。

普拉达（Prada）是意大利著名的奢侈品品牌，有着 100 多年的历史，它的产品主要包括服装、皮具和皮鞋等。奢侈品销售有一个特点，就是它的销量取决于是否赢得了消费群体的喜爱，而与价格关系不是很大，因此很难通过降价促销来提高业绩。而且购买奢侈品的过程和一般商品不同，购买者不仅需要购得一件奢侈品，而且希望享受购物的过程。这些体验一般只有在顾客密度不高的专卖店才能享受到。所以在过去，能否赢得人数并不多的消费群体的喜爱，主要是看设计师的经验和专卖店营销的水平。

不过，经验和营销水平在过去常常靠不住，或者说不可能靠得住。虽然在外界看来大牌时装设计师有很高的艺术水平和经验，而且他们也是非常尽心尽力地设计好每一款产品，但是他们完全不知道市场反应如何。至于销售水平，也是如此。虽然这些奢侈品品牌在设计和布置专卖店时非常尽心尽力，但是其实没有人事先确定专卖店的设计应该是什么样的，里面的时装应该如何摆放。更糟糕的是，公司和设计师在过去甚至无法根据销售的结果了解成功或者失败的原因。一款时装卖得不好，是设计的问题或制作的问题，还是在专卖店销售的问题（例如，没有把它放到明显的位置），这些都无从得知，当然就谈不上总结经验教训了。

如今，这些问题在物联网和大数据技术面前有了答案。早在 2001 年，普拉达就在商品的标签里嵌入一个很小的 RFID 标签。销售人员挥动一下商品，RFID 阅读器就可以识别这件商品并且给出它的详细信息。更重要的是，RFID 标签可以把客户正感兴趣的这一件商品和他们可能感兴趣的其他商品联系起来，这有点像亚马逊的商品推荐。通常，顾客和店员的交互越多，购买的可能性越大，因此相关的推荐非常有用，没有 RFID 标签之前，店员常常不知道该推荐什么给顾客。

当然，普拉达所做的远不止如此，它还改造了专卖店的试衣间，这样每一次顾客把时装拿到试衣间试穿，店里都能记录下来。普拉达的数据分析师根据这些数据就能知道如果一件时装卖得不好，是因为放在店里没有人注意到，还是因为试穿后顾客不喜欢。根据这些信息，公司就知道问题是出在设计和制作上，还是出在销售上。

普拉达的智能试衣间能够做的事情不仅仅是收集试衣的次数和时间这些简单的信息，如图 4.4 所示，它还有一个屏幕，能够让顾客从各个方位看到自己试穿一件衣服或者戴上围巾、皮具的效果。它还可以让顾客看到自己试穿不同尺码、不同颜色类似服装的效果，这样顾客不仅不需要拿一大堆衣服到试衣间，而且有欲望试不同的搭配。在过去，如果这家专卖店没有某些颜色和尺寸的搭配，顾客常常转身就走了。现在，顾客可以通过试衣间的屏幕，大致了解自己试穿那些自己并没有试的服装的效果，如果他们喜欢，普拉达的专卖店可以从其他商店为顾客调来他们所喜欢的服装。

图 4.4　普拉达的智能试衣间

利用物联网和大数据技术，普拉达的销售额从 2001 年的 15 亿美元左右提高到 2013 年的 40 多亿美元，这个增长速度要远远高于全球的经济增长速度，也高于服装行业总体水平。后来出于对保护用户隐私的考虑，普拉达暂时停掉了这种收集数据的方法，不过已经证明了通过类似方式改进商业服务的效果是非常显著的。

4.2 推动生产制造的转型

在历史上，多次出现技术带动社会变革的事情，一般首先出现在生产制造领域。它们通常遵循一个模式——在原有产业的基础上引入新技术，解决了固有的问题，从而推动产业的升级。

在第一次工业革命[①]中，新技术就是詹姆斯·瓦特改进的蒸汽机。很多有上千年历史的古老行业，使用蒸汽机之后摇身一变成为新产业。在欧洲被誉为“白色黄金”的瓷器，自从韦奇伍德在它的工厂引入蒸汽机之后，这种商品在全球范围内供大于求，且用途从盛器和装饰品扩展到其他领域。与此类似的，还有数千年以来一直以一家一户小作坊为主的纺织业，在蒸汽机的带动下变成了机器式的大工厂，以至于需要打开全世界的市场，才能充分消化英国纺织业的产能。火车取代马车、轮船取代大帆船……英国在广泛使用蒸汽机改造原有产业时，很快就把各个古老文明甩在了后面。

在第二次工业革命中，新技术就是电力。到了第二次世界大战后的信息革命，新技术就是计算机。回顾过去就是为了展望未来，由大数据引发的智能革命也将以一种与前几次技术革命类似的方式展开。

4.2.1 精准农业

农业是人类所从事的最古老的行业，也是支撑人类文明的基础。从某个角度来看，人类文明的水平可以用人均产生的能量来衡量。在原始社会，人类产生的能量是所消耗能量的2～3倍；进入农业社会之后，这个比值高达10倍左右；而自工业革命开始，由于机械在农业上的广泛应用，每个人能够耕种的土地和收获的粮食大大增加，使得大量的劳动力能够被释放出来从事工业和服务业。但是，自然环境（例如，土地的面积和降雨量）依然是制约农业发展的瓶颈。

在过去，解决土地短缺问题的方法就是用化肥和农药来增加单产，解决水资源短缺问

① 18世纪60年代人类开始了工业革命，进入“蒸汽时代”。100多年后，人类社会生产力发展又有了一次重大飞跃，由此进入“电气时代”。人们把这次变革叫作“第二次工业革命”。

题的方法就是挖掘更多的水井和沟渠来灌溉，但这实际上是将短期矛盾转化为长期危机。毕竟，在中国这样人均土地、淡水资源不足且分布严重不平衡的条件下，持续“开源”的潜力已经消耗殆尽。如果跳出思维定式来实现农业的可持续发展，人们应该想一想如何“节流”——真的需要那么多水、那么多土地吗？

这些年，中国与以色列在农业生产上开展了深入的合作，也聘请了很多以色列专家到中国的大西北考察。没想到，中国认为资源匮乏的西北地区，其自然条件在以色列人的眼中竟是比较优越的！以色列绝大部分土地为沙漠，可耕种面积不到国土面积的五分之一，而且土层是世所罕见的贫瘠；境内只有一条约旦河，以及一个小得微不足道的淡水湖；降雨极少，年降水量约 200 毫米，占土地面积一大半的南部内盖夫沙漠，每年平均降雨量仅有 25 ～ 50 毫米。相对而言，中国西北极度缺水的地区也都在 200 毫米以上（兰州年降雨量 325 毫米，西宁 380 毫米）。

然而，以色列就在如此条件恶劣的环境之下创造出了令人咋舌的奇迹，许多农产品的单产量领先于世界先进水平：奶牛单产奶量世界第一，平均每头奶牛年产奶 10 500 公斤；每只鸡年均产蛋 280 枚；棉花单产量居世界之首，亩产近 1000 斤（中国为 228 斤）；柑橘平均亩产多达 3 吨（中国为 0.5 吨）；西红柿年均亩产 20 吨，灯笼辣椒、黄瓜、茄子等蔬菜单产量也均为世界最高。作为农产品出口大国，以色列占据了欧洲瓜果、蔬菜市场的 40%，平均每人贡献了世界上 1.7 个人的食物，并成为仅次于荷兰的世界第二大花卉供应国。

以色列取得这样惊人的成就靠的就是新技术，尤其是在节约用水的方面做足了功夫。作为严重缺水的国度，以色列人发明了滴灌技术——将装有滴头的管线直接将水和肥料送达植物的根系，极大地节约了水和肥料。所有灌溉方式都采用计算机进行联网控制（如图 4.5 所示），灌溉系统中有传感器，能通过检测植物茎果的直径变化和地下湿度来决定对植物的灌溉量，进而节省人力和水资源。由于有大量的传感器采集数据，这种自动滴灌系统可以对用水量和产量的关系进行学习，改进灌溉量。自以色列建国以来，其农业生产量增长了 10 多倍，而每亩地的用水量仍保持不变。靠着农业高科技，以色列给传统的农业带来了质的革命：第二次世界大战前是一片荒漠的内盖夫地区（以色列所在地），现在已经出现大片绿洲了。

图 4.5　随时掌握农作物的相关数据

滴灌技术本身并不复杂，近年来已经在中国一些地方普及。根据有关资料介绍，使用滴灌技术的农家能节省 2/3 的用水。目前遇到的问题是，对于每年都要重新播种的作物，通向每一个植株的小水管需要每年更换，成本偏高。因此，目前滴灌技术只适合收益比较高的经济作物，特别是水果种植，滴灌系统安装好了之后就一劳永逸了。

说到这里，让人不禁想起了微软帝国的缔造者比尔·盖茨在华盛顿州建造的“未来之屋”[①]，其主要的特色就是安装了大量的传感器，通过收集各种数据进行智能的控制。例如，为车道旁边的一棵老枫树专门设置了监视系统，根据它的生长情况实现针对性的全自动浇水与施肥，这几乎就是精准灌溉技术的家庭版。

大家无须“羡慕嫉妒恨”，如今的日常生活中也有了类似的产品。硅谷一家小公司早在 2013 年就发明了一种名叫 Droplet 的家庭院落自动浇水机器人，如图 4.6 所示。这种机器人会“看看”院子里有多少植物和草坪需要浇灌，“测算”各处土地的湿度和植物的高度，以决定喷水量；在浇水时，还会根据事先规划好的路径完成整个院落的浇灌，自动调整好喷水的角度、流量和时间；它还会事先上网“听听”天气预报，如果预测后天当地会下雨，那么它就“决定”休息一下。根据《时代》周刊的报道，一些家庭使用 Droplet 之

① 这座占地面积约 6600 平方米的府邸共有 7 个卧室、6 个厨房、24 个浴室、1 个穹顶图书馆、1 个会客大厅和 1 片养殖三文鱼及鳟鱼的人工湖。不过，最令人瞠目结舌的还是其对信息技术的广泛应用，堪称当今智能家居的经典之作。

后，可以节省95%以上的浇水量。

图4.6 Droplet——自动浇水的机器人

沿着这个思路进行下去，这类机器人不仅可以浇水施肥，还可以除草和采摘。德国为了节省劳动力成本，已经研发出了先进的采摘机器人，目前主要是针对苹果。为了便于这类机器人的工作，果树也被逐渐培养成直径较小的品种，这样一来，机器人在果树之间走一趟，就可以将两侧的水果采摘干净。由此可以看出：一方面，通过收集农业数据可以有针对性地设计机器人，节省资源；另一方面，使用大数据和机器人技术也会改变农业的形态，甚至是品种。

未来农业的试验田

在广东省最南端的雷州半岛，有一座科技感十足的辣椒示范种植园：田间的小型气象站收集空气中的温度、湿度和光照等数据，土壤墒情仪实时记录土壤中的水分、温度、酸碱度等数据。农业大数据可以告诉农户作物是冷了、热了还是渴了、饿了，这不但能提醒用户及时为农作物量身定制并配送营养套餐，还能对病虫害做预防处理。

在数据分析和预测的基础上，农户就能根据农作物的切实需求，及时通过手机App实现水肥一体化的精准操作，随时启动小型植保无人机喷洒农药。目前，仅需一个人就能够实现 2000 亩（约 133 万平方米）土地的精准施肥和浇灌。相比传统耕种方式，该种植园减少使用了 20% 的农药、30% 的肥料和 90% 的水，还增收了 20%。

2019 年，中国很多地方都暴发了猪瘟疫，不得不杀掉大量的猪，这给猪农和保险公司都带来了很大的损失。控制损失的一个有效的办法是在第一时间发现感染病毒的猪，并且杀掉那一栏猪，避免瘟疫的传播。这件事仅仅依靠经验是做不到的，因为人在猪发病的开始阶段看不出征兆。但是如果给猪测体温，并且监视其进食，就能在早期发现问题。2017 年，国内一家从事该项研究的企业获得了风险投资，开始给每一头猪都装上了可穿戴式设备，监控其体温、进食情况和日常活跃程度。并在猪栏的上方安装了能接收信息的装置和红绿预警灯，一旦发现某头猪的体温或生理活动异常，预警灯会马上预警，猪农就可以在第一时间采取行动。

既然能够收集猪的数据，那么其他家畜也不在话下。2017 年，京东公司向贫困地区免费发放了 100 万只鸡苗，要求饲养户进行放养。这些小鸡的脚上都装了可穿戴式设备，以便确保它们要跑到 100 万步以上。由于这些鸡有“身份验证”，很多人愿意出高价购买。沿着这个思路进行下去，这些家畜身上的设备还可以收集到更多的数据，不仅有利于农民精准地投食和管理，也方便消费者进行食品的安全追溯。

4.2.2 智能制造

2011 年，德国提出了“工业 4.0”的概念，其官方解释是“工业 4.0 包括将信息物理系统（Cyber Physical System，CPS）技术一体化应用于制造业和物流行业，以及在工业生产过程中使用物联网和服务技术”。美国也不甘落后，通用电气（GE）在 2012 年发布了白皮书《工业互联网：打破智慧与机器的边界》，正式提出“工业互联网”的概念，并联合其他公司一起成立了工业互联网联盟（Industrial Internet Consortium，IIC），旨在提高工业生产的效率，提升产品和服务的市场竞争力。

相应的，中国国务院在 2015 年正式发布《中国制造 2025》规划，作为我国工业未来 10 年的发展纲领和顶层设计，旨在将我国从一个“制造大国”转型为“制造强国”。与工业 4.0、工业互联网相比，这个规划更多地结合了本国国情，立足于我国现状，路线也更为清晰。

历次工业革命的回顾

1769 年，英国人詹姆斯·瓦特制造出了第一台有实用价值的蒸汽机，由此打开了工业革命的大门。人类社会开始从手工劳动向机械化生产迈进，一个崭新的工业时代在蒸汽机的隆隆巨响中开启，人们称之为“工业 1.0”。100 年后的 1869 年，传送带方式的流水生产线在美国辛辛那提一家屠宰场投入使用（比著名的福特汽车流水生产线还要早 44 年）。在这之前，德国西门子公司已经研制出了第一台交流发电机，解决了动力升级的问题。于是，内燃机取代了蒸汽机，以电气化为主要标志的“工业 2.0”出现了。

又过了 100 年，到了 1969 年，世界上第一块可编程逻辑控制器 Modicon 084 问世，这标志着人类科技文明的又一次腾飞。信息技术的广泛应用使得生产制造高度自动化，进入了“工业 3.0”阶段。历史刚刚迈进 21 世纪第二个 10 年，人们已经发现新一轮工业革命即将来袭，不需要等到 2069 年了。生产制造正在向着智能化发展，“工业 4.0”是大数据、物联网、云计算等前沿科技的天下（如图 4.7 所示）。

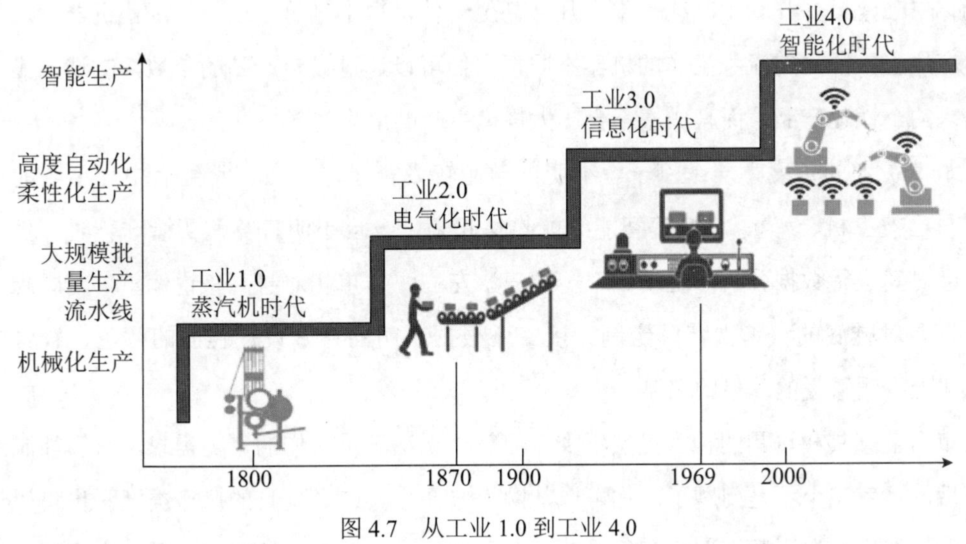

图 4.7　从工业 1.0 到工业 4.0

从20世纪后期开始，人们在生产制造的过程就强调信息化管理。但遗憾的是，由于技术的限制，没有实现真正的数据融合和互联互通。各个子系统之间的数据还没有实现完全共享，它们之间的交互还需要人手动录入；许多非结构化数据（文本、图像、视频）还没有被充分利用起来，无法高效检索和分析；生产过程中复杂的关键数据难以采集，或者无法实时了解制造资源和加工任务的动态变化。

人工智能、传感器、5G等技术的出现，让人们逐渐克服了“工业3.0”时期的瓶颈，向着“工业4.0”迈进：生产制造系统和信息管理系统之间能够互联互通，在原料采购、生产制造、财务预算和工期控制等方面步调一致、动态协调；生产物料或者过程产品具有“自我感知”的能力，借助网络与生产设备进行对话，实现灵活可控的生产；通过实时的数据交换，各种生产设备之间可以进行智能协作，机器和工人之间也能流畅配合。

除了节省人力物力，大数据驱动的智能制造还有着另一个巨大优势——产品很容易按照个性化定制。以前，生产线上的机器解决的主要问题是大规模批量生产。一旦一个产品被设计出来，就无法随意调整了，工厂按照一个模子批量生产，降低成本扩大销路。如果哪个用户想要根据自己的需求订购一款特定的产品，那么成本就非常高昂，因为生产厂商要为你单独建模并开动生产线，生产几件甚至一件，很不划算。现在的工业机器人，和过去生产线上按照固定流程工作的机器不同，它们可以通过设定产品的参数，制造出满足用户需求的个性化产品，而且成本不会比大规模生产高出太多。

从消费者的角度举一个例子。小明同学比较爱打篮球，在日常生活中，小明的相关数据早已被手机、平板、PC等智能终端收集起来。一旦小明打算购买篮球鞋时，生产厂商就会对其进行数据分析：运动频率一周三次左右，体重相对身高来说偏重，左脚踝受过伤，需要对鞋底的气垫做特殊定制。接着还根据小明的喜好设计鞋面的颜色、鞋带的样式，印上小明喜爱的球星的名字。

市面上家具和玩具的种类虽然不少，但往往无法满足人们的审美需求。在智能制造普及之后，这就完全不是问题了。你可以从网上选择家具或者玩具的风格类型，也可以让应用软件根据你的个人数据进行智能推荐。总之，经过几轮简单的交互之后，生产厂商就完全清楚了你的想法，一款个性化的家具或玩具很快就会出现在你的面前。

特斯拉汽车公司（Tesla Motors）是一家美国电动车及能源公司，成立于2003年，总部设在了美国加州的硅谷地带。由于最初的创业团队主要来自硅谷，所以特斯拉是用IT理念来造汽车，而不是沿袭底特律那些传统汽车厂商的思路。特斯拉的工厂位于美国内华达州，是全球最智能的自动化生产车间，从原材料到产品的出库，真正地实现了自给自足。如图4.8所示，它在冲压生产线、车身中心、烤漆中心与组装中心的四大制造环节中一共“雇用”了150台机器人，就轻松搞定了以前需要几个大公司通力合作才能完成的任务。

图4.8 特斯拉“智能工厂”

在冲压生产线，一个机器臂就能够独立地搬运整个车架，在6秒之内完成一个发动机盖的冲压；在烤漆中心，由机器臂悬挂的车身，依次进入到不同的水洗池后，由机器人按顺序喷涂不同颜色的漆，使得原来铿亮的白色钢板变成各式各样的颜色；在组装中心，各种机器人在计算机指令的引导下连续完成多套动作，依次从货物架上取下零部件，自动安装到合适的位置。

每台机器都会装有很多传感器，不仅获取整个生产流程中的产品数据，还能采集其自身的压力、温度和振动频率等各种指标数据，并传输到云端进行数据分析和处理。这样就能够及时发现机器设备的某个部件损坏，甚至提前进行更换。

特斯拉颠覆现有汽车行业所做的另一件事，就是取消存在了一个世纪的汽车代理商制度。为什么特斯拉能够做到这一点，而比它更大的、更有话语权的那些大牌汽车公司却不得不分利给各地的代理商呢？这就要从产品生产和流通的产业链说起。

如图 4.9 所示，一个传统的制造业需要通过产品设计、原料采购、仓储运输、加工制造、订单处理、批发经营和零售七个环节才能收回投资，获得利润。也就意味着一个企业需要先投入资金，然后经过这么一大圈才能挣到钱。

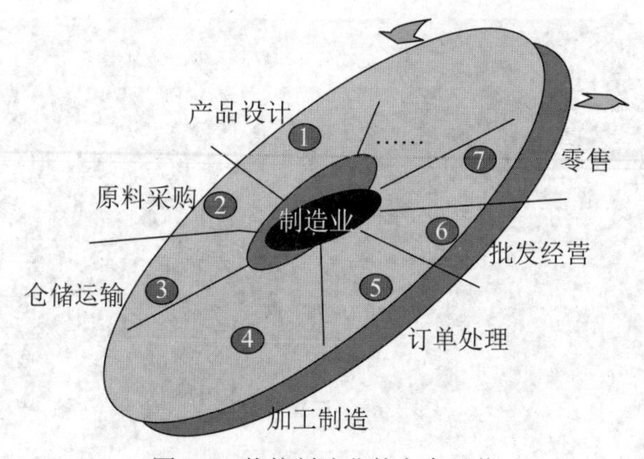

图 4.9　传统制造业的七个环节

所有的公司总是在尽可能降低各个环节的成本，以获得比同行更高的利润率。例如，提高效率，争取“零库存[①]”；或者在东南亚和中国建厂，将加工制造这个环节的成本压到最低。其实，最聪明的办法是直接减少其中一个或者几个环节，这样资金从投入到收回最快，利用率最高，戴尔公司就是这么干的。

戴尔不仅把产品设计外包给了专业公司，而且干脆不设自己的工厂，直接由中国和东南亚的 OEM（Original Equipment Manufacturer，原始设备制造商）工厂生产。至于原料采

① 20 世纪 60 年代，日本人将工厂里的生产流水线的概念扩展到仓储运输和整个加工制造中，极大降低了制造业的成本。在很多日本工厂里，没有库存零件，当第一批零件用完了，第二批刚好送到，而第三批正在路上，第四批在上家的流水线上。同样，产品一下流水线，开往港口的汽车就已经准备装货了。这种高效率使得“日本制造”打败了欧美制造，迅速占领了世界市场。

购，戴尔每年和英特尔、AMD、希捷（Seagate）等几家主要的PC芯片和配件生产厂商谈好协议，由这些公司直接将货发给那些OEM厂，便省去了原料采购和一半的仓储运输环节。最后，戴尔在销售渠道上做起了文章，就是坚持直销（基本不经过批发商，很少通过零售商分销）。它开发了一个在线的订购系统，当顾客在上面填自己要买的计算机配置和个人信息，生成订单后直接通知OEM工厂。工厂每天按照订单生产计算机，然后按照戴尔提供的地址发货。这种直销方式不仅省去了批发和零售的成本，降低了产品的价格，而且在价格上非常透明，避免了和个体消费者讨价还价的麻烦。戴尔唯一要做的事就是牢牢控制住订单处理和零售（主要是市场推广）这两个环节。

戴尔公司能将传统的制造业的七个环节简化到两三个，主要还是借了信息技术大发展的东风，通过互联网和计算机直接砍掉大部分中间环节，降低了各项成本。但砍掉的中间环节需要交给了合作伙伴或者OEM工厂，这些厂商的制造成本还有进一步压缩的可能（减少人工多用机器），不过，这已不在戴尔公司的掌控之中了。此外，这种商业模式门槛不够高，一旦联想等企业也采用之后，戴尔的优势很快就消失了。

特斯拉比戴尔更进了一步，不是简单地通过人力资源管理和外包任务来降低成本，而是通过技术升级来实现整体的脱胎换骨。除了大量雇人研发汽车的各种新功能，从设计开始，直到汽车送到顾客手上，加上售后服务，这中间各个环节里尽可能地采用大数据驱动的智能机器而不是人工。特斯拉其实在悄无声息地重新定义汽车行业，它对汽车的理解已经和当年的福特或奔驰完全不同了。

金风公司是一家生产风能发电设备的中国公司，2015年时它的风能发电机已在全球6大洲、24个国家和地区稳定运行，在国际市场的占有率稳居第二位。但是，金风公司在海外市场面临着中国制造业企业通常都会遇到的困境：虽然具有不少自主知识产权和技术，市场占有率不低，营业额也不少，却没有多少利润。其根本原因在于中国的企业常常只能控制从设计到销售诸多环节中的制造环节，其他环节的收益则被外国公司赚走了。

一般来说，企业级的设备采购常常是购买者的主动行为，也就是说购买者有了需求后，向销售者购买。而在国际贸易中，销售者和制造者常常不是同一家公司。这些中间商一方面搭建了制造商和顾客之间的桥梁，另一方面在主观或者客观上也阻断了买卖双方的联系。一旦买卖双方货款两清，它们的关系就基本中断了。接下来买方的设备使用得怎么样，是否有新的需求，卖方是一无所知的。所以金风公司虽然卖了不少风力发电机，但是那些发电机用在哪里？使用得怎么样？哪些地区还有潜力？哪些地区已经饱和？它所知甚少。在过去，这些售后的服务也不是它们工作的重点。

如今，金风公司的管理层逐步意识到数据的重要性，开始转换经营理念，通过互联网和传感器技术将发电机的各种数据（地点、发电量、运行情况）全部收集起来进行分析。一方面可以全面地了解全球的风能分布情况、各地的风力利用情况等宏观信息，有利于公司有针对性地做市场推广；另一方面，还可以了解每一台发电机日常运营的细节，不仅有了问题之后可以及时发现并解决，而且如何进一步改进也有了数据依据。这样一来该公司在充分的信息反馈下很容易得到技术的提升，再者可以在生产流程中逐步减少人工的参与，加大机器智能的比重，甚至像特斯拉一样实现无人车间。

接下来，金风的商业模式也发生了变化，从依赖市场预测、打价格战的传统制造商，转变为高质量的售后服务商。主营业务成了发电设备的运营和服务，可以持续地赚取更多的利润。这时，金风公司不仅在宏观上了解全球风能市场的情况，在微观上掌握每一台风能发电机的运营细节，而且还拥有多年来积累的解决相关问题的数据。可以说，大数据技术让金风公司比一般的工程公司更有效地制造和维护发电机，在该领域中的优势也越来越大。

4.3 促进文教卫生的发展

传统的观点认为自然科学、社会科学和人文艺术对数据的要求有所不同：自然科学的研究对象是物理世界，讲的是“精确”，差之毫厘，谬以千里；社会科学研究社会现象，探讨的是人和社会的关系，因为牵扯到人这个不确定因素而导致了“测不准”，又被称为“准科学”；人文艺术探讨的是人的信仰、情感和价值，并不强调精确，有时候甚至模糊就是美，所以位于科学的最外围。

在电子计算机诞生、人类进入信息时代之后，由于数据带来的好处越来越明显，数据驱动的方法开始被普遍采用。不仅仅是自然科学领域，就连社会科学和人文艺术领域也逐渐重视基础数据的收集和整理，力图通过定量分析得出令人信服的结论。一旦事物能够被"数据化"，就只有你想不到，没有其做不了的。

4.3.1 指导体育竞技

近些年，金州勇士队得到了NBA（美国职业篮球联赛）球迷们的追捧，它在2014—2022年连续6次打入总决赛并4次获得了冠军。很难想象，这支球队在此之前还长期排名倒数，而且一直没有什么大牌球星和金牌教练，它创造奇迹的方式在体育史上恐怕是独一无二的。

勇士队有一个得天独厚的优势，就是位于硅谷地区。这个号称"创新之都"的地方，最不缺两种人——风险投资人和工程师。硅谷的投资人在球队成绩跌入谷底时，出手低价收购，并让工程师们利用大数据制定球队的发展战略和比赛战术。于是，新的管理层在上任后所做的第一件事，不是购买大牌球星，反倒是把队伍中的明星给卖掉了，然后他们围绕一位当时毫无名气的球员重新制定球队的风格和战术。

根据数据分析的结果，管理层认为当时NBA以及很多职业联赛所追求的打法是低效率的。大部分球队都是努力寻找个人身体条件异常突出的球员，把球送到内线去得分，因为大家都有这么一个经验——"距离篮筐越近，得分越是稳妥"。结果就是全队耗费很大力气攻到篮下，即便不出现传球失误，也就是得2分。勇士队的管理层设计的新打法却是尽可能地从最远的三分线外投篮，这样可以得3分。正是因为不再按照篮球传统的战术作战，勇士队才卖掉了那些价钱高却效率低的明星，而着重培养自己看中的新人。

这位新人叫斯蒂芬·库里，身高只有1.91米，在篮球场上和那些明星大腕相比可谓相形见绌。高中毕业时，那些篮球强校的教练都看不上他，以至于2009年被勇士队以很便宜的价格签约。但他有一个不可忽视的特长——投篮准，勇士队最终把他培养成了一位三分球的神投手。在2014—2015年赛季，库里的神投让勇士队夺得了40多年来的第一个总冠军，他自己也成为当年的最有价值球员（MVP）。到了2015—2016年赛季，库里投进了403个三分球，创造了NBA历史上的纪录。库里投篮的准确率高达50%，三分球的命中率也高达45%，这意味着他的三分球比那些大牌球星的篮下投球更准。到后来，很多球迷跑去看勇士队训练，主要就是为了欣赏库里投三分球。

勇士队的老板乔·拉格布不仅是个篮球迷，而且是一位“技术控”。他的合伙人很多甚至就是工程师出身，因此更相信根据数据得到的结论，而不是来自NBA的经验。拉格布选中的主教练史蒂夫·科尔①也是同样的风格，他根据历年来对NBA比赛的统计，发现最有效的进攻是巧妙的传球和准确的投篮，而不是彰显个人能力的突破和扣篮。在这个思想的指导下，勇士队队员苦练神投技，全队在一个赛季中投进1000个三分球，又创造了一项NBA纪录。

在勇士队日常的训练和比赛中，大数据的思维一直贯穿始终。所用到的技术产品主要有三种：第一种是跟踪工具SportVU，它是一个数据采集工具，可以认为是在篮球场四周装上很多的摄像机，跟踪每一个球员的表现，记录传球配合的准确率、过人的效率和投篮的命中率等；第二种是大数据处理和智能决策工具MOCAP，它根据数据指定合适的战术，而运动员们的反复训练就是将这套由机器智能帮助制定的战术练熟、练好；第三种是用于监控运动员身体和运动量的Catapult Sports系统，它可以量化运动员的疲劳程度并及时调整训练量。

人们不仅在篮球运动中使用了大数据相关的设备和技术，在高尔夫球和网球运动员身上也安装了各种传感器，教练通过收集到的数据纠正他们的姿势和动作。一种叫TrackMan的工具除了能测定运动员的表现，还装有几万个高尔夫球场的数据，可以让运动员在比赛前模拟球场上的比赛，这就在很大程度上避免了运动员因不熟悉陌生球场环境而影响发挥的情况。于是，高尔夫球比赛的成绩在过去的10年里得到了巨大的提升，这就是大数据带来的惊喜。要知道，在整个20世纪中，高尔夫球比赛的成绩几乎没有什么提高。

大数据技术不仅能够帮助运动员取得好的成绩，还帮助运动员极大地延长运动寿命。

---

① 史蒂夫·科尔（Steve Kerr）作为和乔丹同时代的公牛队队员，夺得过5次总冠军，个人的投篮命中率高达45.4%，位列当时NBA球员之首。

一方面，运动员可以在训练中根据数据的反馈及时纠正动作调整姿势；另一方面，运动员可以监控身体的状态从而合理地设定训练量和饮食，这样做的效果就是运动员的伤病大为减少，长期保持高水平的体能和竞技状态。在20世纪70年代，球王贝利在30岁退役已经算是同一批运动员中年龄较大的了。而今天，很多足球运动员在30岁时依然处于巅峰状态，例如，克里斯蒂亚诺·罗纳尔多（简称C罗）参加2018年世界杯足球赛时已经34岁了，但他展现出的体能和竞技水平不亚于任何一位20多岁的年轻人。记者们跟踪采访C罗的训练时，发现他脱去球衣后身上挂满了可穿戴式设备，可见采集并分析数据对其保持状态起到了多么重要的作用。

大数据对体育的帮助，还体现在通过计算机训练棋牌选手。今天，很多国际象棋学校在训练小棋手时，使用的是计算机而不是真人教练。近年来，计算机也开始训练围棋选手了（如图4.10所示）。由于AlphaGo在围棋比赛中的优异表现，专业棋手已经开始学习它的棋风，并且开始重新认识围棋。

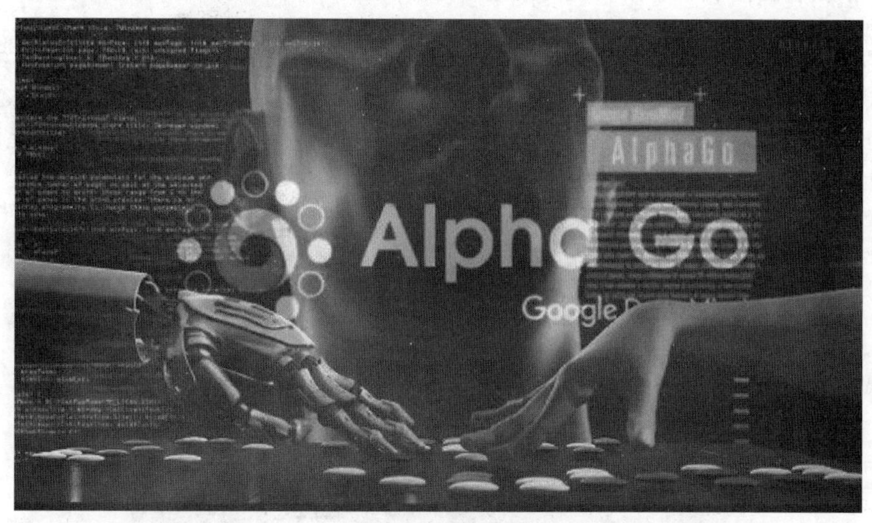

图4.10　AlphaGo突破人类的思维定式

可以预见，未来的竞技体育远不只是体能、技能和毅力的比拼，更是技术的竞赛。体育依然会是人类最喜爱的娱乐活动，但是仅靠自身天赋和闭门苦练将不足以取得最好的成绩，充分地利用大数据相关技术才是王道。

4.3.2 实现因材施教

狭义上，教育就是专门组织的学校教育，是发生在学校的；广义上，教育是指影响人的身心发展的社会实践，不仅包括在学校学习文化知识，还包括父母的言传身教。所以，对于教育而言，学校里组织的语、数、英教学是教育，父母传授生存经验与技巧也是教育。

因材施教是教育领域中一项重要的教学方法和教学原则，根据不同学生的认知水平、学习能力以及自身素质，教师选择适合每个学生特点的学习方法来有针对性地教学，发挥学生的长处，弥补学生的不足，激发学生学习的兴趣，树立学生学习的信心，从而促进学生全面发展。

理论上讲，父母对孩子的教育最可能因材施教，因为父母最关心自己的孩子、陪伴孩子的时间最长、对孩子的了解也最深入。但事实上，因为父母工作繁忙、经济压力以及自身的能力所限，更多的情况是把对孩子的教育托付给了学校和教师。

古代学校曾经涌现出一大批优秀的思想家和教育家，孔子首次提出了“有教无类”和“因材施教”的主张，打破贵族与平民乃至国界的界限，他创立儒家私学，只要能交够束脩[①]，就可以做他的学生（如图 4.11 所示）。在古希腊的雅典学院，教师和学生们之间的关系是“亦师亦友”，不仅采用启发的方式教授知识，还在一起探讨任何感兴趣的话题。

图 4.11　孔子和学生们探讨问题

① 古代学生与教师初见面时，必先奉赠礼物，名曰“束脩”。“束脩”就是一束肉干，又称肉脯，有点类似现在的腊肉，后来基本上就是拜师费的意思，可以理解为学费。

孔子的教育理念

有一次，子路匆匆走进来书房，大声讨教："先生，如果我听到一种正确的主张，可以立刻去做吗？"孔子看了子路一眼，慢条斯理地说："总要问一下父亲和兄长吧，怎么能听到就去做呢？"子路刚出去，另一个学生冉有悄悄走到孔子面前，恭敬地问："先生，我要是听到正确的主张应该立刻去做吗？"孔子马上回答："对，应该立刻实行。"冉有走后，一直站在孔子旁边的公西华奇怪地问："先生，一样的问题你的回答怎么相反呢？"孔子笑了笑说："冉有性格谦逊，办事犹豫不决，所以我鼓励他临事果断。但子路逞强好胜，办事不周全，所以我就劝他遇事多听取别人意见，三思而行。"

以上的案例出自《论语・先进篇》，也是关于"因材施教"最早的文字记载。这种教育理念是非常先进的、科学的，也是行之有效的。《学记》云："记问之学，不足以为人师。"那种不理睬、不了解教育对象而只管闷头教书的做法是教育之大忌。不能因材施教，教学内容必然单调，教学过程必然呆板，教育效果当然不会好。

古代的教育资源极度匮乏，主要是培养一些精英式的人才为统治阶级服务。直到工业革命之后，才催生出普及大众的现代教育制度。19 世纪中后期，德国的学校教育逐步系统化和国家化，颁布强制教育法令，提升全民的文化素质。这不仅让德国很快得到了统一，而且一跃成为欧洲最强的国家。正如德军元帅毛奇所说："德国的胜利，早就在小学教师的讲台上奠定了。"

历经 300 多年的推行和完善，现代学校教育已经成为人类历史上规模最大、有目的、有计划、有组织的活动，全球有 1/6 的人口（10 多亿）每天在学校组织中。但从因材施教的角度上看，这种活动比起古代私学似乎是某种退步，因为教与学都参照统一标准，基于平均值，而不顾个人的喜好、特质和需求。究其根源，在于工业化时代大规模生产的本质：学生们受到同样的对待、使用同样的教材、做同样的习题集、获得同样的产品质量。

就像传统的商业活动将所有信息压缩成一个单一的评价指标——价格，同样，现代的教育活动也将所有的反馈信息压缩成一个单一的评价指标——分数。但从考试分数中只能得出一个对学生的粗略排名，既不能形成对学生全面立体的认识，也无法帮助学生了解自己对教学内容的掌握程度，或是为教师和学校管理人员提供教材选择以及环境构建方面的参考。就像在监护病人时，每隔几个小时过来看一看气色、听一听心跳，而不是使用每秒能跟踪 1000 次脉搏的心电图，更为强大的评估价值没有得到足够的发挥。

在美国硅谷，有一家面向中小学生的教育机构——Afficient 公司[①]。其创始人方家元博士在辅导自己的孩子学习时发现，美国中小学课程中一门要讲授一年的课并没有多少内容，如果教学得当，资质中等的学生只要三四个月就能学会而且成绩优秀。那么为什么大多数学校都要用整整一个学年来教授同样的内容，而且不少学生还学不好呢？主要是没有因材施教。

如图 4.12 所示，据统计，人们的各方面能力都是呈现正态分布的，天赋一般的占多数，极好和极差的都是少数。大多数正规学校的教育，其设计之初考虑的就是处于平均水平的学生，即比最右侧的优秀者学得慢，但比最左侧的极差者学得快的平庸者群体。这种做法会同时损害位于正态分布曲线两侧的学生，让领悟力高的学生感到厌烦（甚至引发纪律问题），而领悟力低的学生非常吃力。

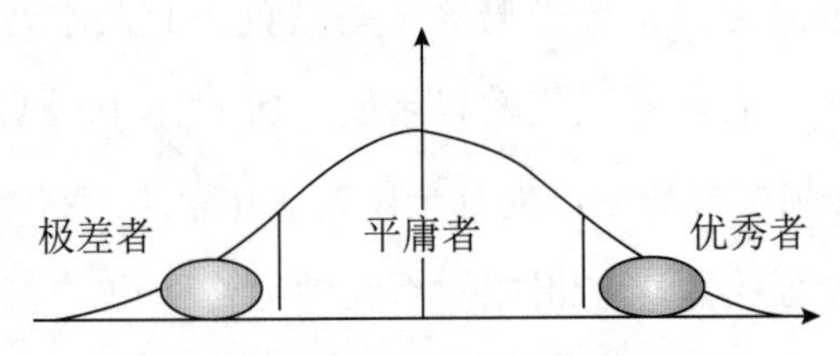

图 4.12　学习能力的正态分布示意图

对于曲线中间的学生就一定合适么？那也不一定。因为学习能力处于平均水平的学生们也不可能在所有的教学环节上都同步。每个学生都可能有一小部分内容搞不定，如让张三迷惑的是第二个知识点，李四不明白的是第六个知识点，王五跟不上的是第八个知识点……加上每个学生的注意力会时不时地分散，学习效率的高低也有不同的规律。就算老师把重点内容反复讲上几遍，也还是覆盖不到所有学生的痛点。没有及时弄懂教学内容会

① Afficient 服务的学生范围从小学高年级到高中低年级，和中国的新东方和好未来（前身即“学而思”）有点相似，所不同的是它没有授课老师，所有课程都由计算机教授。

带来一个严重后果——学生渐渐失去学习兴趣。通常刚入学时，学生的成绩差距相对不大，学习积极性普遍较高，但越学到后面，成绩和积极性的差距就越大，呈现出“马太效应[①]”。

有了上述想法之后，方博士在小范围内对各种水平的学生做了实验，并找到教育领域的专家进行确认。然后投资雇用了十几个工程师开发软件，并聘请有经验的中小学教师帮助指导和提供素材。Afficient 公司把每门课拆解成相关联的知识点，每个知识点可以根据多个优秀老师的经验从多个角度进行讲解（形成多种可选的教学方式），然后通过计算机自动教学。学生学完每个知识点都会当场做练习题以验证教学效果，这样就能够比普通课堂的老师更早了解每个学生的具体学习情况。对于学生来说，Afficient 根据数据的反馈立刻清楚其是否理解了，如果没有，在线课堂会换另一种方式重新讲解这部分内容，然后让学生再练习，直到搞清楚为止。在整个授课过程中，Afficient 都在不断记录学生学习的相关数据，这就完成了从个体到群体的数据汇集。

在得到这些数据之后，Afficient 会进行深入分析，了解每个学生在所有课程中的学习情况以及每门课中所有学生的学习情况。这样一来，那些优秀教师们通过几十年才能总结出来的教学经验，计算机在很短的时间内就获取到了。它可以局部改进课程的教学方法，例如，计算机发现某个知识点目前的首选教学方式对大部分学生来说难以理解，那就调整排序将其换成一个效果更好的教学方式。它还可以通过衡量相似群体的表现，对某个同学进行个性化教学和辅导，例如，根据学生前两周的学习记录了解其学习能力处于哪个层次、时间安排上有没有潜力可挖，然后选择合适的方案把一学年的课程按照三个月到七个月不等的时间教授完。

个性化学习最令人印象深刻的特征是动态性，学习内容和方式可以随着数据的收集、分析和反馈不断加以改变和调整。如果一个学生对某部分内容已经非常了解了，那么这部分内容的进度就会加快甚至一带而过；如果一个学生在某个知识点的学习上存在困难，那么会从多个角度进行讲解以加深理解，甚至在习题中加大分量，以确保该学生有足够的练

① 马太效应（Matthew Effect）指强者愈强、弱者愈弱的现象，广泛应用于社会心理学、教育、金融以及科学领域。出自圣经《新约·马太福音》一则寓言：“凡有的，还要加倍给他叫他多余；没有的，连他所有的也要夺过来”。

习机会。于是，学生在进入下一阶段学习之前，就不存在学不懂或者赶进度的问题了。因此，学生普遍在一两个月之后，学习积极性更加高涨，每个人都取得了很大的进步。

Afficient 的成功，固然有那些经验丰富的一线教师的贡献，但更多的还是依靠大数据（如图 4.13 所示）。一方面，它从每个学生身上采集数据，通过数据分析迅速改进教学方法，调整练习的内容；另一方面，它从众多已经使用过平台的学生那里总结出来经验模式，再用于指导新的学生，更好地为他们量身定制学习规划。可见，广泛应用大数据相关的软件和硬件，让更加丰富的反馈信息流向教师和管理人员，使得理想中的“因材施教”真正得以普及，这是传统的教育方式做不到的。

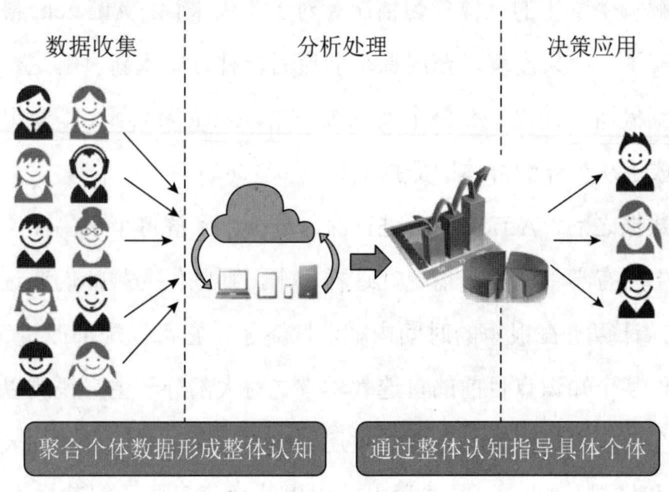

图 4.13　个性化教育背后的技术流程

4.3.3　重塑医疗保健

人类发展经济和科技最重要的目的就是增进健康、延年益寿，所以历史上每一次重大科技进步之后，都伴随着人类医疗保健水平的飞跃。在第一次工业革命后，人类搞清楚了人体的结构和致病的原理，并且通过科学的方法完成了传统医学到现代医学的转变；第二次工业革命之后，人类发明了抗生素，使人们的身体免受各种细菌感染的伤害，挽救了很多重症感染患者的生命；随着信息革命的开展，人类研发了各种诊断仪器和治疗仪器，例如 CT 扫描仪、核磁共振机、心脏起搏器等。

时至今日，人类在医疗保健上遇到了一些瓶颈，主要体现在以下几方面：首先，医疗的成本越来越高。美国的医疗保健开销已经接近 GDP 的 20%，在中国“看不起病”或“因病致贫”已经成为社会各个阶层的共识；其次，医疗资源不平衡。一线城市的人均医疗资源往往是三四线城市的好几倍，稍有条件的病人都驱车从居住的小城镇前往附近的大城市看病。最后，很多疾病非常难治，甚至目前尚无有效的治疗方案，例如癌症、帕金森综合征、阿尔茨海默病（即人们常说的“老年痴呆”）。

随着大数据与机器智能技术的广泛应用，医学领域也将再次迎来突破性的进展。读者不妨从各个角度看看医疗保健以及制药行业的现状会发生怎样的改变。

中国有句古话“上医治未病”，也就是说最高的境界是预防疾病以及在初期就提前发现疾病。20 世纪 60 年代，美国花了很多钱投入疾病的治疗，结果 10 年将人均寿命提高了 0.7 岁，这个投入产出比非常低。到了 20 世纪 70 年代，美国改变了做法，将重点放到了疾病的预防上，这 10 年人均寿命提高了 2 岁多。从此，大家普遍认识到对于维持人们的健康来说，预防比治疗更有效、更重要。

癌症被称为“众病之王”，如果能够及早发现，治愈或控制住它的可能性还是很大的。很多国家从几十年前就开始对常见癌症进行早期筛查了，但遗憾的是效果并不好。而且在传统的筛查方法中，“假阳性①”率高得惊人。据《美国医学协会会刊》报道，每一万人中有 10 个人真正得益于乳腺癌的筛查，但为了这千分之一的准确性，会造成 60% 多的人虚惊一场，甚至过度诊断。

作为全世界最大的基因测序设备公司，Illumina② 有十几万孕妇的基因数据，其中有 20 人的某项数据有点怪。由于人数少且这些人没有什么不健康的记录，因此没人在意。直到一位新上任的首席医疗官（CMO）偶然看到这个数据，坚持给这 20 人做进一步检查，发现她们都患有癌症。这件事情促使 Illumina 成立了一个专门的部门，负责通过基因检测发现早期癌症，并于 2016 年独立出一家单独运营的公司，取名 Grail。

---

① 阳性（+）表示疾病或体内生理的变化有一定的结果，阴性（-）则基本上否定或排除某种病变的可能性。假阳性是由于环境、操作、实验方法或患者自身因素等，把不具备阳性症状的人检测出阳性的结果。

② Illumina 公司创立于 1998 年 4 月，是遗传变异和生物学功能分析领域的优秀的产品、技术和服务供应商。

如图 4.14 所示，Grail 筛查癌症的方法是跟踪血液中的基因变化，这里面涉及基因测序相关的大量数据采集和计算，其他公司和科研机构鉴于成本昂贵一直不愿意采用。而 Grail 公司毕竟成立于硅谷，网罗了大量来自谷歌的工程师，充分发挥人才梯队的优势，攻克技术难题，将计算成本降低了 99%。截至 2018 年，Grail 公司已经能够准确发现直径 2 厘米左右的肿瘤（或癌变区域），而如今肿瘤在被发现时平均直径是 5 厘米。可见，Grail 通过跟踪人体内基因的技术比常见的癌症检测技术有了进步，但其目标是更进一步——在肿瘤小于 0.5 厘米时发现它。

图 4.14　从基因数据中筛查癌症示意图

Grail 通过先进的技术对人体非常复杂的新陈代谢进行简单跟踪，这只是收集人体健康数据的一个开始。将来，更复杂的技术会不断出现，可以监控人们身体的各种变化。因此，卫生保健问题在很大程度上就变成了一个数据收集与分析的问题。就像一台机器里有上百个传感器，时时刻刻记录它运行的每一个细节。有了这些翔实的数据，就能及早发现机器的隐患，将机器的故障解决在萌芽状态，达到延长使用寿命的目的。

在欧美发达国家里面，医疗成本居高不下的一大原因就是医务人员的收费很高，医生收费高的原因是培养一名专科医生的成本太高而最终成才的人数又太少。成为一名合格的专科医生很难，除了要智力水平高，还要花费很多的学费和培训费，更要经过长时间的系统训练。美国一个成绩优秀的学生从本科算起到医学院毕业，需要花费 50 万～ 70 万美元，平均耗时 13 年之久，中间还会有很多次被淘汰的可能。

于是，早在 20 世纪进入信息时代后，人们就希望使用计算机来取代医生的部分工作，例如解读医学影像、临床诊断分析。但是，真正取得突破性进展，并且达到实用标准，则是近十年大数据相关技术成熟之后。

很多患者去医院挂号时，喜欢找年龄大的医生，因为觉得他们有经验。实际上，医生积累经验就是一个通过病例数据学习的过程，只不过这一过程需要很长的时间。而计算机却擅长在数以百万的病例中快速学习，就像围棋机器人 AlphaGo 一样，它在短时间内就阅读了有史以来人类高手的千万盘棋局，并通过不知疲倦的反复对弈提升技能。

2012 年，谷歌科学比赛的第一名授予了一位来自威斯康星州的高中生，这名高中生通过对 760 万个乳腺癌患者的样本数据进行分析，设计了一种确定乳腺癌细胞位置的算法，能够帮助医生进行活体组织检查，其位置预测的准确率高达 96%，超过目前专科医生的水平。这位年轻学生采用的算法并不复杂，但其使用的数据规模远远不是人类医学专家终其一生所能见识到的。2017 年，在国际肺结节检测大赛中，来自中国阿里云的 ET 对 800 多份肺部 CT 样片进行分析，最终，ET 在 7 个不同误报率下发现的肺结节召回率为近 90%，夺得冠军并打破了世界纪录。

同样在 2017 年，IBM 宣布他们开发的沃森（Watson）智能系统在诊断疑难病方面已经超过了人类专家的水平。为什么计算机在诊断普通疾病上的表现尚未超越专家，但是在诊断疑难病时反而比专家的水平高呢？这是因为一位医生平时能够遇到大量普通疾病的患者，经验丰富，但一辈子也见不到多少疑难病症，因此在这方面就经验不足了。但计算机通过网络等信息通道在短时间内从各个医院汇集同一种疾病的大量数据，因此它进步的速度超出人们的想象。

如图 4.15 所示，在临床诊断方面，大数据和机器智能相对人类医生有着 3 方面优势：首先，它们按照流程严格检查，漏判率极低，还常常能够发现人类医生忽略的情况；其次，它们认知升级的速度非常快，可以每时每刻地从新的病例数据中学习；最后，这些程序稳定性非常高，不会受到疲劳、情绪、环境差异等因素的影响。

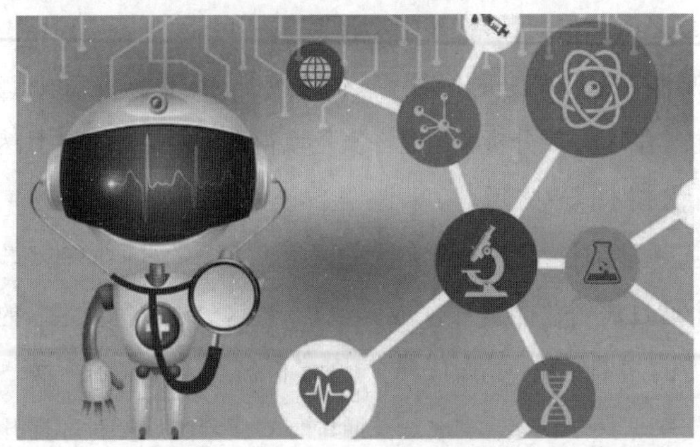

图 4.15　基于大数据的智能诊断

治愈癌症是人类半个多世纪以来的梦想，其之所以难治是因为癌细胞是动物自身细胞在复制过程中基因出了错误，而非来自体外的病毒或细菌入侵。目前最有效的方法是找到病变的基因并且把相应的癌细胞杀死。由于得同一种癌的患者，其癌细胞病变的基因未必相同，因此一种抗癌药可能对某些病人有用，对另一些病人则无效。更让人郁闷的是，癌细胞本身的复制也会出错，这就导致在治疗的过程中，原本管用的抗癌药会突然变得无效了。

正是由于癌细胞基因的突变和个体有关，而且可能一再突变，因此要想彻底解决问题，就需要针对不同患者设计特定的抗癌药，还得根据患者癌细胞的每一次动态变化研制新药。可以想象，这样做的成本有多么高：首先，要为每一个患者配备一个专用的顶级医疗团队，且药物研发速度要足够快；其次，耗费的金钱至少每人 10 亿美元，远远不是平民百姓可以承受的。

解决这个问题的出路还是来自前沿科技，尤其是大数据相关技术。根据相关科学家介绍，人们已知的可能导致肿瘤的基因错误不过在“万”这个数量级，而已知的癌症不过在“百”这个数量级。也就是说，即使考虑到所有可能的恶性基因复制错误和各种癌症的组合，不过是几百万到上千万种，这个数量级在医学领域看似无穷之大，但在信息技术领域是非常小的。如图 4.16 所示，利用大数据技术在这不超过几千万种组合中找到各种真正导致癌变的组合，并且对每一种组合都找到相应的药物，那么将能够治疗所有人可能产生的病变。针对不同患者的不同病变，只要从药物库中选一种药就可以了。例如，对张三来说，他原本使用的是3468号药，如果发生新的病变而改用2971号药可以对症，那就不需要重新研制药了。

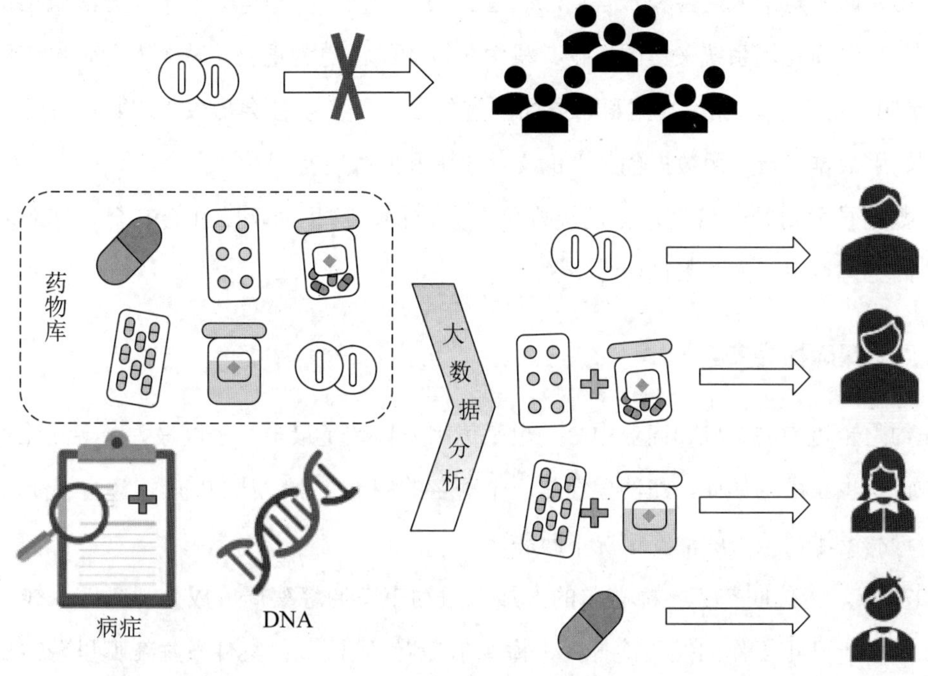

图4.16 大数据助力个性化用药

这种为每一个患者设计个性化特效药的思路已经得到了医学界的普遍认可。据统计，美国只有1/7的临床证明有效的药品最终能够走完FDA[①]全部审批流程并最终上市；剩下来的6/7的药品，虽然在小范围内使用时对一些病人确实有很好的疗效，但在使用到大量患者身上时，平均的效果并不显著，因此最终被FDA否决。这些被否决的药品中，不少是很有潜力的，它们对特定的人群有效，或者对其他的病症有效。现在的关键是找到那些特定的人群和病症，让被淘汰的所谓“废药”经过改造后能够重新被利用。在未来，可能一种疾病会有不同的药品医治，而不同的人会有不同的特效药。

① FDA是食品药品监督管理局（Food and Drug Administration）的简称。由美国国会即联邦政府授权，是专门从事食品与药品管理的最高执法机关，也是一个由医生、律师、微生物学家、化学家和统计学家等专业人士组成的致力于保护、促进和提高国民健康的政府卫生管制的监控机构。

4.4 提升社会管理的水平

在日新月异的今天，人们逐渐认识到，社会管理和公共决策中最重要的依据将是系统的数据，而不是个人经验和长官意志。过去深入群众、实地考察的工作方法虽然依旧有效，但对决策而言，系统采集的数据、科学分析的结论更为重要。从个人到政府都要建立“数据治国”的理念，加大数据科学方面的宣传，力争在全社会形成“用数据说话、用数据管理、用数据决策、用数据创新”的文化氛围和时代特点。

大数据技术对社会管理水平的提升是全方位的，这里从保障社会安全、打造便利生活、提高工作效率三方面来说明一下。

4.4.1 保障社会安全

纽约是全世界的金融和商业中心，也是美国人口数量最多、密度最大、多元化程度最高的城市。也正因为如此，纽约曾经是一个著名的犯罪之都。从 20 世纪 70 年代起，黑帮横行、毒品泛滥，该市的治安情况不断恶化。

1970 年，一位叫杰克·梅普尔的人加入纽约市交通警察局，成为一名地铁线上的警察。在最初十几年工作的摸爬滚打中，梅普尔慢慢“悟道”：案件发生在哪里警察就出现在哪里，是让罪犯牵着鼻子跑；要控制局面，抓到老鼠，警察一方必须掌握主动，做一只有“预测能力”的猫。

于是，这位只有高中学历的警察开始收集数据，研究地铁抢劫案的发生规律。梅普尔在办公室的墙上挂上了几百幅地图，用不同颜色的大头针来跟踪地铁抢劫案发生的时间和地点。无数个夜晚，他站在地图前，时而举头凝视，时而低头徘徊，揣度琢磨第二天可能发生抢劫的时间和地点。在一阵苦思冥想之后，最后用大头针按下的那个小点，就代表了他第二天的伏击地点。

梅普尔后来晋升为警督（相当于派出所所长），他就采用这种方法来部署和调配他所辖区的警力。他的办公室挂满了地图，被同事戏称为“地图墙”，他却称之为“预测未来的图表”（Charts of the Future）。

1990 年，“预测未来的图表”引起了其顶头上司威廉·布拉顿的注意。这位退伍军人雷厉风行、慧眼识才，在认真研究了“地图墙”之后，他认为梅普尔的方法很靠谱。于是开始在全局推广梅普尔的图表管理方法。第二年，纽约市的地铁抢劫案下降了 27%。

但纽约的整体社会治安并没有好转，除了地铁抢劫案，其他的案件都还居高不下。这更令布拉顿相信，“预测未来的图表”确实行之有效。他在自己升任纽约市警察局局长的第二天，就任命梅普尔为第一副局长，并要求梅普尔立即组织开发一套电子版的“预测未来的图表”。于是“CompStat”就诞生了，这是一个以地图为基础的统计分析系统，名字是 Computer Statistics（计算机统计）的缩写，现在已经演变成为一个专有名词，特指一种警务管理模式（如图 4.17 所示）。

图 4.17　纽约警局通过 CompStat 系统预测犯罪

那是 1994 年，互联网和智能终端设备还没有普及。CompStat 的工作人员每天通过电话和传真向全纽约 76 个警区收集数据，再将数据统一录入 CompStat，进行加总和分析。每周二、周四的早晨 7 点，布拉顿就召集全部警区的指挥官开会。最新发生的案件以圆点的形式出现在各个辖区的地图上，不同颜色代表着不同类型的犯罪，特定位置的成串圆点则表明那里发生了一系列的案件。各个指挥官在这些“绩效指示灯”前面依次陈述自己辖区的情况、对策以及警力的调配，一个回合下来，不少人满头大汗。

为了保证 CompStat 的落实和推行，布拉顿一共撤换了近三分之二执行不力的指挥官，可谓“铁腕”。仅仅用一年的时间，纽约的犯罪率就下降了 60%，使纽约跻身全美最安全的大城市行列。纽约的巨大成功，很快引起了联邦政府司法部和其他地方政府的注意。自 20 世纪 90 年代起，全美各地有近三分之一的治安管理部门陆续引进了 CompStat 的管理模式。

受成功的 CompStat 系统激励，纽约警察局与微软公司合作引进了一款更先进的预测工具，能即时分析和显示超过 3000 个监控仪、911 电话、车牌和其他数据源。2014 年，这款系统第一次出击，就取得了令人惊叹的成绩。通过追踪 100 万个 Facebook 主页、4 万个来自赖克斯岛监狱的通话记录和数百小时来自大楼电梯、走廊和庭院的监控录像，警方突击了一个住宅区，在那儿逮捕了上百个黑帮成员。这是纽约历史上最大规模的帮派逮捕行动，这个帮派被指控涉嫌多起谋杀、致命枪击案和其他的枪击事件。大规模的逮捕行动成功地阻止了未来可能的犯罪行为，也再次印证了大数据的威力。

毒品问题是现代社会的一大毒瘤，让全世界所有国家都为此头疼。按照一般人的想法，切断毒源就可以从根本上解决这个问题，因此，美国曾经把缉毒的重点放在切断来自南美洲的毒品供应上。尽管美国在这方面做得不错，但是仍然无法阻止毒品的泛滥，其中一个重要的原因就是很多提炼毒品所需的植物，例如大麻，种起来非常容易，甚至可以在自己家里种。

在废弃房屋较多的地方，当地的穷人会把房子四周的门窗钉死，在里面偷偷用 LED（发光二极管）灯种植大麻，由于周围的治安比较乱，很少有外人去那里，因此那儿就成了毒品种植者的“天堂”。对这一类街区进行重点排查是否就能解决问题呢？事实并不是你想的那么简单，因为在一些环境优美、生活水准高的地区，也有人会在豪华别墅里面种植毒品，如图 4.18 所示。按常理来说，将豪宅的门窗钉起来肯定会引起注意，但毒品种植者也有办法。例如，把房子周围布置成种满玫瑰的花园，起到掩人耳目的作用，然后在里面种大麻。房主每年卖大麻的收入，不仅足够付房子的分期付款和电费，而且足以让他攒够首付再买另一栋房子。

图 4.18　在豪宅里种植大麻

类似的情况在美国各州和加拿大不少地区都有发生。据估计，仅加拿大的不列颠哥伦比亚省，每年这种盆栽大麻的收入就高达 65 亿美元，在当地是仅次于石油的第二大生意。

由于种植毒品的人分布的地域非常广，而且做事隐秘，定位这样种植毒品的房屋的成本非常高。再加上美国宪法的规定，警察在没有证据时不得随便进入这些房屋进行搜查。因此，过去警察虽然知道一些嫌犯可能在种植毒品，也只能望洋兴叹，这使得美国的毒品屡禁不止。

但是到了大数据时代，私自种植毒品者的“好日子”就快到头了。2010 年，美国各大媒体报道了这样一则新闻：

在南卡罗来纳州的多切斯特县，警察通过智能电表收集上来的各户用电情况分析，抓住了一个在家里种大麻的人。

无独有偶，这则消息出来以后不久，媒体陆续报道了在美国其他州，警察也用类似的方法抓到在房间里种大麻的人。截至 2011 年，仅俄亥俄一个州，警察就抓到了 60 个这样的犯罪嫌疑人。为什么警察的缉毒效率一下子变得如此之高呢？因为以前供电公司使用的是老式的电表，只能记录每家每月的用电量。而从十几年前开始，美国逐渐采用智能电表取代传统的电表，这样不仅能够记录用电量，还能记录用电模式。种植大麻的房子用电模式和一般居家是不同的，只要把每家每户的用电模式和典型的居家用电模式进行比对，就能圈定一些犯罪嫌疑人。

根据查处毒品种植的案例，可以看到大数据打击犯罪的三个亮点：第一，用统计规律和个案对比，能够做到精准定位；第二，社会其实已经默认了在取证时利用相关性代替直接证据，即本书前面所说的强相关性代替因果关系；第三，执法的成本，运营的成本，在大数据时代会大幅下降。

当城市里所有的传感器（尤其是摄像头）都通过网络相互连接起来以后，就很容易锁定任何一个人在这个城市里的活动。如果发生了什么意外事件，也很容易追踪在场人员之前和随后的行动轨迹。当然，打算实施犯罪行为的人可能会采用各种措施隐藏身份，例如，戴上帽子、口罩或者墨镜来遮挡自己的特征。这种做法在10年前或许有用，因为那个时候识别身份的技术不够成熟，仅限于面部、指纹、声音等少数明显特征。时至今日，大数据技术已经可以根据人身体上几百块肌肉的形状和在运动中不同的伸缩方式以及走路时的姿势来识别了。

自2017年起，中国公安开始全面普及带有人脸对比功能的移动警务终端，该终端具备“采集即录入、录入即对比、对比即发现”的功能。民警在执法过程中，只需要在现场对准人脸拍照，即可与当地全省人口数据以及全国在逃人员、重点监控人员数据库进行比对，几秒钟就能够出来结果。目前这种移动警务终端已经普及到县一级的基层警务部门。

谷歌公司曾经发布过一款“拓展现实”的智能产品——谷歌眼镜（Google Project Glass），如图4.19（a）所示，可以通过声音控制拍照、视频通话和辨明方向，以及上网冲浪、处理文字信息和电子邮件等。它具有智能手机的大部分功能，且更加方便和隐蔽。但由于太容易触犯个人隐私，很快就被下架了。受谷歌眼镜的启示，中国的工程师将人脸识别技术与太阳眼镜结合在一起，发明了一种人脸对比警务眼镜，如图4.19（b）所示。2018年2月，郑州铁路警方率先使用了这样的警务眼镜，不仅极大节省了警方的人力、物力，还能高效率地排查出人群中的在逃疑犯和冒用别人身份证的违规行为，高效净化了春节客运期间的治安环境。

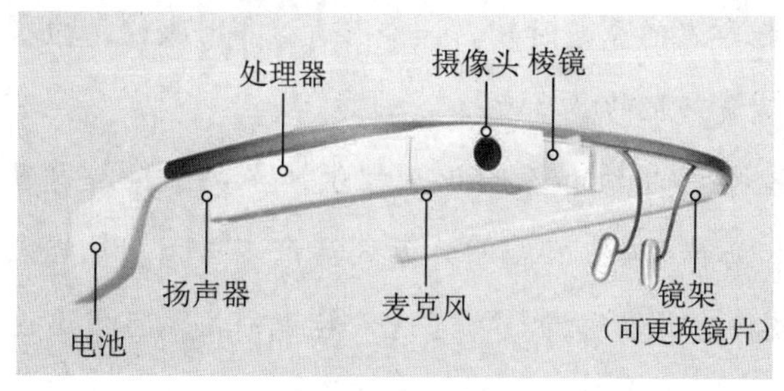

（a）谷歌眼镜

（b）人脸对比警务眼镜

图 4.19　谷歌眼镜与人脸对比警务眼镜

此外，人所使用的各种智能终端，包括可穿戴设备和手机，也从其他维度提供了辨识和跟踪的依据。按照常人的理解，手机的标识是电话号码或者里面的 SIM 卡[①]，其实每一部手机在出厂时都有一个独一无二的 ID（序列号），供移动运营商获取并提供服务。这个 ID 可以通过专门的设备识别出来。如今任意划定一个范围，很容易就能发现哪些手机是经常在这里出现的，哪些是外来的。这种方式辅以大数据分析，就能够发现不速之客，尤其是列入警方黑名单的人员。

近年来，中国被很多外国友人评价为最安全的国家，除了没有大规模的恐怖袭击外，日常犯罪率的下降是主要原因。这个变化是生活在中国的每一个人都能体会到的。在这一变化发生的过程中，充分利用大数据技术起到了决定性的作用。不论是几乎没有死角的视频监控系统，还是网络上各种实名制的规范要求，甚至各种商业数据的收集和分析，无一不在体现中国用开放的心态拥抱全球科技进步。

“逃犯克星”是怎样炼成的

2018 年，中国歌星张学友好几次上了新闻的头版头条，这倒不是因为他的歌唱生涯重回巅峰，而是在他的巡回演唱会上不断有被通缉多年的逃犯落网——8 个月内有 80 多名。如此辉煌的战果，让广大歌迷称他为“逃犯克星”。根据数据分析，被抓的在逃人员

① SIM（Subscriber Identity Module）卡也称智能卡或用户身份识别卡，数字移动电话机必须装上此卡后才能使用。卡片内部存储了数字移动电话客户的信息、加密密钥等内容，它可供网络对客户身份进行鉴别，并对客户通话时的语音信息进行加密。

年龄大多在三四十岁，他们的青春期正是张学友的鼎盛时期。一个人青少年时期爱上的歌曲，会成为他今后欣赏音乐的“底色”和珍贵回忆的“召唤”。

当然，更为重要的是无处不在的安全监控系统和人脸识别技术。事实上，国内各个城市的警力和技术丝毫不逊于欧美一线城市，而且在应用方面还后来者居上。数据采集设备已经做到了全国联网，只要录入数据库的在逃人员，通过人脸识别技术可以迅速辨认，不论是时间已过去一二十年，还是胖瘦差别了十几斤。演唱会、展览会、游园会等大型活动现场，必定会提前安装好监控系统。哪怕有的在逃人员并没有入场，只是在演唱会附近转悠，也会一起落入法网。如果尚未入场，警方会立刻出动。如果已经入场了，则视情形出警。有时，“仁慈”的警察还会让逃犯看完整场演唱会，在出口处进行抓捕。

4.4.2 打造便利生活

2014 年跨年夜，上海外滩陈毅广场的台阶处发生了一起踩踏事故，造成多人死伤。悲剧发生的根本原因是该地区的人流量太高。据报道，事故发生前外滩地区人流量超过 100 万人次，已经远远超出了 30 万人次的上限。如果能够在事情发生之前或者在事件开始时准确预测人流量，并在第一时间告知周围的行人，就能在很大程度上预防危险的发生。

事件发生之后，多家科研机构和 IT 公司立刻投入人力物力研究如何预测城市景点的拥挤情况并推出了相关产品。思路其实并不复杂，例如，百度公司就可以从安装百度 App 的大量用户那里得到他们的实时位置数据。在云端将这些数据汇总之后，就能训练出一个根据人流和时间变化的模型。在需要的任一时刻，使用这个训练好的模型根据当前人流数据预测未来一段时间的人流情况。如果发现过多的人都涌向某一个地点，那么就可以预警了。

随着智能手机这类带有多种传感器的终端设备普及开来，人们不仅能预防踩踏事件，保障安全，还能进行地图导航，方便出行。本书第 2 章提到过，百度和高德这些做地图服务的公司可以通过手机上的传感器实时地获取任何一个城市的用户出行数据。而且从数据采集、数据处理到信息发布中间的时延微乎其微，打开 App 就能查看当前的交通路况。当然，和预测人流量一样的原理，一些科研小组和公司已经开始利用一个城市交通状况的历史数据，结合实时数据，预测一段时间以内（如 1 小时）该城市各条道路可能出现的交通状况，并且帮助出行者规划出最优的出行路线。

车载导航的发展历程

随着人类社会的发展，城市变得越来越大，交通系统也变得越来越复杂。没有经验的驾驶员往往容易在城市中迷失方向，或是“找不着北”（搞不清楚自己的位置），或是“南辕北辙”（走错了路）。车载导航系统利用了卫星定位技术，通过在汽车上安装卫星信号接收机，就可以通过卫星信号来找到自己的位置，再利用内置的地图来辅助驾驶。由于汽车的行驶区域大部分都是户外，仅有少数时候会进入隧道等有遮蔽的地方，因此大多数时候卫星定位效果都非常好。

早期的车载导航系统，仅仅能通过卫星定位找出当前位置，并显示当前区域的地图，具体要走哪条路，还得驾驶员自己拿主意。这只能解决“找不着北”的问题，如果对道路不熟悉的话，还是会出现“南辕北辙”的情况。第二代车载导航系统做出了改进，不但可以显示出当前的位置，还可以根据驾驶员输入的目的地来自动找出最短的路线，从而避免走弯路。而到了互联网时代，车载导航系统又得到了进化，可以通过移动电话的 GSM 网络与交通管理部门的服务器取得联系，获取最新的路况资讯，从而指导路线的选择。例如，通过网络得知某路段正在施工，或者正在堵车，那么在规划路线时，计算机就会自动避开该路段，使得路线更加优化。

随着传感器技术的发展，车载导航还可以感知污染指数、紫外线强度、天气状况、附近的加油站……同时还能够更深入地觉察驾驶员的健康状况、操作水平、出行目的……路线的选择不再是“最快速到达目的地”，而是“最适合驾驶员，最适合这次出行”。当车载导航探测到驾驶员身体状况不佳，在安排路线时就会尽量避开环境较差的路段，转而选择空气清新、景色秀丽的路线；如果驾驶员要长途驾驶，就会根据汽车的油量，选择在恰当的时候经过加油站，以便于加油；如果驾驶员刚领驾驶执照没几天，那就要避开一些路况复杂的路段。大数据时代，车载导航将从过去的“以路为本”转变为“以人为本”，更好地改善人们的驾驶质量。

基于大数据的地图导航系统不仅对通勤有好处，也方便市政当局优化和调整全市整体的交通状况。首先，可以通过每天的交通情况制定拼车车道[①]的使用时间，引导大家尽可能地分散出行的时间和使用的道路。在硅谷地区，个别车道在交通高峰期是自动收费的。这个措施实行以后，不少通勤的人开始调整自己的出行时间和办事的次序。其次，利用大数据管理交通可以根据实时流量和对未来流量的预测，调整交通信号灯的时间。目前世界上大部分城市的交通信号灯互相并不联通，而时间控制的策略总体上是固定的。日常生活中人们经常看到在十字路口，另一个方向的道路已经没有了汽车而信号灯还是绿的，而自己的方向堵了一条长龙。如果能够利用交通流量信息对交通信号灯进行整体控制，就能缩短总体的交通时间。

如今，世界上主要的大都市都已经没有了大规模扩建街道的可能性。虽然道路已经从平面拓宽发展为立体交叉，但流动人口和车辆增长速度更快，道路还是不够用。于是，城市管理者开始转变思路，不再一味修路，而是通过大数据技术对现有的道路资源进行优化配置（如图 4.20 所示）。以瑞典首都斯德哥尔摩为例，该市在通往市中心的道路上设置大量的路边监视器，利用射频识别、激光扫描和自动拍照等技术，实现了对一切车辆的自动识别。借助这些设备，该市在周一至周五 6 时 30 分至 18 时 30 分之间对进出市中心的车辆收取拥堵税，从而使交通拥堵率降低了 25%，同时温室气体排放量减少了 40%。

---

① 在美国，很多道路在交通高峰期要求车上必须坐两个或两个以上的人才能使用快速车道，这些车道被称为拼车车道。

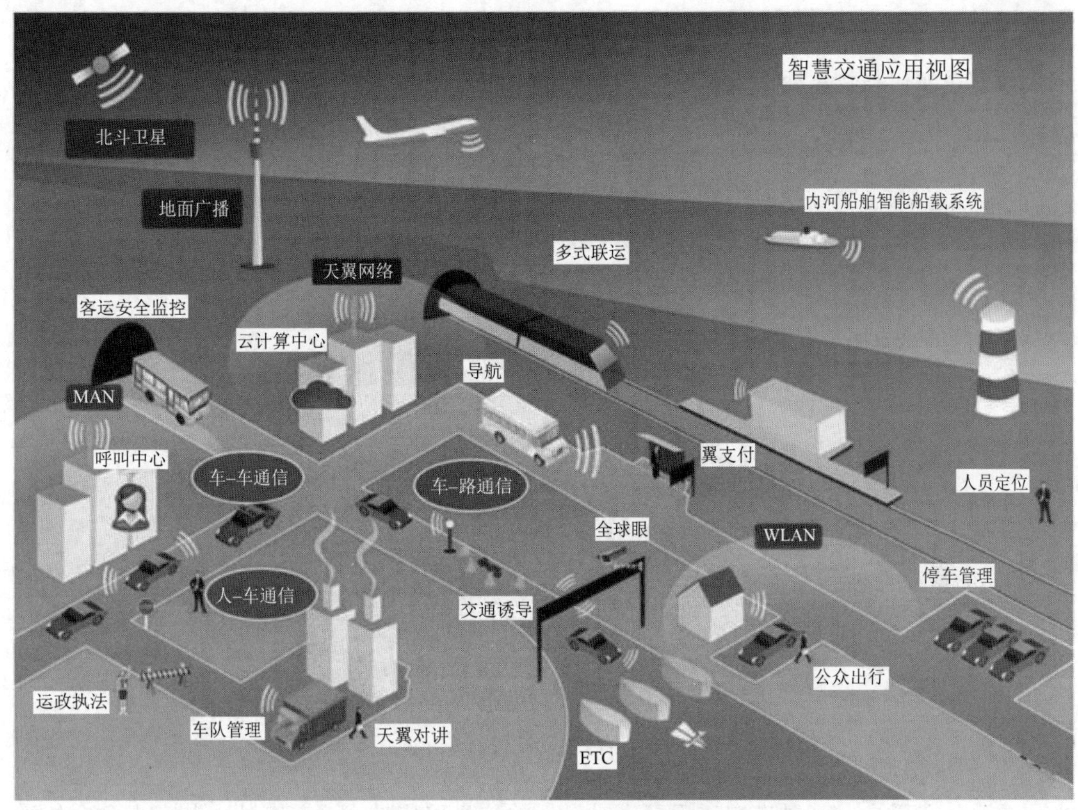

图 4.20　大数据技术助力智慧交通

另外一个例子是素有“自行车之城”的丹麦首都哥本哈根。为促使市民使用二氧化碳排放量最少的轨道交通，该市通过统筹规划，力保市民在家门口 1 千米之内就能使用到轨道交通。但是，末端 1 千米路的交通显然还要依赖群众基础深厚的自行车。除了修建 3 条“自行车高速公路”以及沿途配备修理等服务设施外，还为自行车提供射频识别或全球定位服务，通过信号系统保障出行畅通。

自动驾驶汽车①可以说是近几年来最为引人注目的科技前沿项目了。无论是谷歌、苹果、百度这些 IT 巨头，还是宝马、通用、特斯拉这些知名车企，都耗费巨资、倾注心血进行这方面的研究。人们很容易从它身上看到物联网的设备，发现人工智能的算法，但却

① 自动驾驶汽车（Autonomous Vehicles；Self-piloting Automobile）又称无人驾驶汽车、电脑驾驶汽车、轮式移动机器人，是一种通过计算机系统实现无人驾驶的智能汽车。

很难察觉其背后还有大数据的思想。如图 4.21 所示，以谷歌自动驾驶汽车为例，分析一下大数据是如何与物联网、人工智能结合起来创造奇迹的。

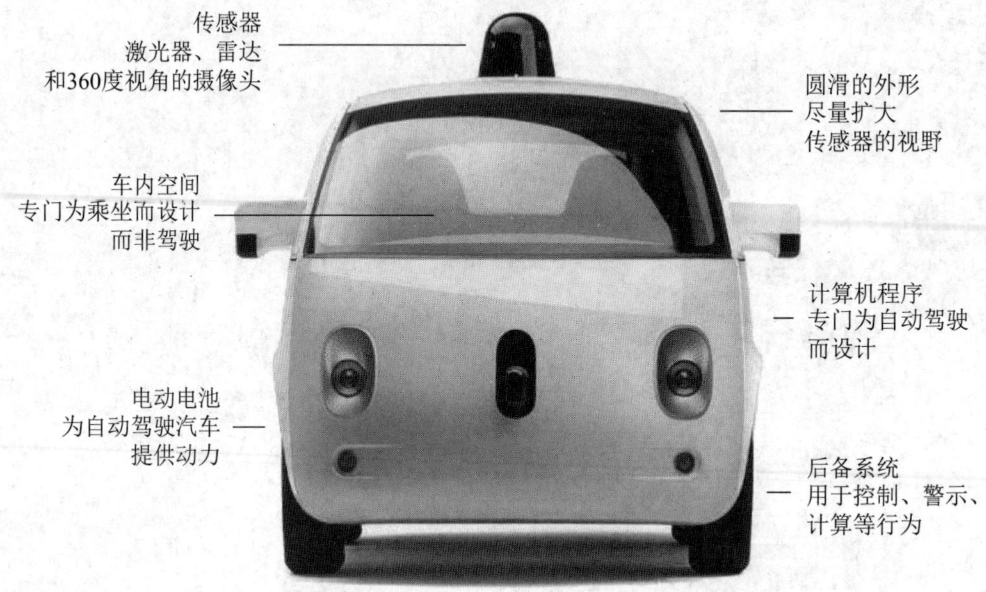

图 4.21　谷歌自动驾驶汽车示意图

首先，谷歌自动驾驶汽车采用了当时最好的信息采集技术，其车体上装有十多个传感器（从激光雷达到高速摄像机，再到红外传感器等），每秒进行几十次的各种扫描，同时对数百个“目标”进行监测（例如行人、公共汽车、做出左转弯手势的自行车骑行者、各种交通指示牌等）并采取合适的应对措施。之所以能在短时间内处理如此大规模的数据，是因为自动驾驶汽车通过移动互联网与云端的超级数据中心相连。虽然它本身携带的计算机不过是一台简单的服务器，但是整体的数据量和计算能力要远远超出过去其他公司和大学那些自动驾驶汽车上面所携带的计算机。

其次，谷歌自动驾驶汽车项目其实是它已经成熟的街景项目的延伸。加上谷歌公司本来就拥有最好的全球地图数据（Google Earth），所以它收集到的信息非常完备，包括汽车周围的各种目标的形状大小、颜色，每条街道的宽窄、限速，不同时间的交通情况、人流密度等。这些信息都在云端事先处理好了，并保存在超级数据中心，以备未来使用。因此，自动驾驶汽车每到一处，对周围的环境是非常了解的，它可以迅速把这些数据从云端调出来作为参考，而不是现场识别目标、临时做出判断。

2012年，谷歌公司就开始对自动驾驶汽车进行实地测试。同年8月，自动驾驶汽车的行驶总里程已经超过了50万千米，没有发生任何交通事故。之后，美国的几个州先后通过允许自动驾驶汽车上路的法律。到了2015年6月，谷歌的自动驾驶汽车行驶总里程已经达到了160万千米，其中停车20万次，遇到60万个红绿灯与1.8亿个其他交通工具，相当于一个美国成年人75年的汽车驾驶量。这段时间内，谷歌的23辆自动驾驶汽车总共遭遇了14次交通事故，但谷歌宣称所有事故都不是自动驾驶汽车的错，而是事故另一方的责任。

可以说，谷歌公司在大规模数据收集和处理上的优势，是各个高校和研究所并不具备的。即使是全球著名的汽车公司，包括丰田、大众和美国通用，也不具备如此多的数据和服务器。因此，它们虽然在自动驾驶汽车研制方面早起步几十年，但是很快就被谷歌超越。国内也是如此，IT巨头百度公司在无人车上的研究进度，也不是那些传统汽车生产商所能相比的。

4.4.3 提高工作效率

在美国，超过99%的企业是500人以下的小企业，它们雇用的员工占私有企业员工的一半左右，而每个小企业平均人数只有5人。这些小企业，尤其是涉及可以进行现金交易的零售企业（例如餐馆、商店、服务行业等），时常有偷税漏税现象发生。而查处这些小企业偷漏税的成本太高，使得政府机关执行起来困难重重，得不偿失。据估计，美国在2000年后的10年中，平均每年仅偷漏的联邦税就有3000多亿美元，这足够抹平政府的财政赤字了。

不过，从2006年开始，美国偷漏税的金额开始下降了。这主要是因为国税局和各州州税局采用了大数据技术，比较准确地圈定了可能偷漏税的小企业以及个人骗退税的情况。首先，税务局将企业按照规模（场地大小）、类型和地址做一个简单的分类，例如，将一线城市住宅区的餐馆分为一类，高校附近的理发店分为另一类，等等。然后，税务局根据历史数据对每一类大致的收入和纳税情况进行分析。例如，前一类餐馆每平方米的营业面积每年产生1万美元左右的营业额，整个餐馆的年收入为200万～280万美元，纳税20万美元；后一类理发店年收入8万～12万美元，纳税5000美元。如果前一类中有一家餐馆的营业面积和其他各家差不多，自称收入只有50万美元，那么就会被调查；后一类如果有一家理发店每年有10万美元收入，只纳税1000美元，也会被调查。

有了大数据之后，人们很容易通过对大量数据进行统计分析，从中找出常见的模式，然后辨认出与众不同的异常个例，接着就可以针对这些异常的个例进行调查研究。由于这种方法采用的是机器学习，依靠的是机器智能，而不是人工操作，所以执行的成本非常低。

近几年来，中国在利用大数据进行政府管理和日常监控方面发展得更快。例如，沪深交易所都采用了大数据监测系统，交易所的监管部门在日常监控中，一旦发现异常的交易行为，可以马上开始进一步追查内部交易、建“老鼠仓”以及非法资金转移的操作。

阿里巴巴旗下的蚂蚁金服在反欺诈这方面，后来者居上，比谷歌支付和苹果钱包做得更加出色。它的蚁盾反欺诈产品可以将欺诈的比例控制在行业平均水平的10%以内，在2014—2017年间为该公司自身和第三方提供了近百亿次风险咨询服务调用，识别出了上亿次业务风险。

和所有传统的金融企业做法不同的是，蚂蚁金服使用了大量用户金融交易之外的数据，主要包括以下几种。

（1）对用户本身的鉴定。根据用户的各种行为，识别有风险的手机号，找出不良用户；在用户申请贷款或者信用额度时，利用多维度的信息核实真实性。

（2）根据用户多维度的信息，形成用户画像和设备（通常是手机和家里的PC）指纹。一旦交易的过程有疑点，就可以及时预警。

（3）在后台利用云计算，对各种可疑的交易实时预警。

同样，在打击假货并保护消费者方面也是如此。一方面，政府机关充分动员社会上的各种力量一起收集数据进行分析；另一方面，在每年的“3·15晚会①”上进行信息披露，

① 3·15晚会是由中央电视台联合国家政府部门，为维护消费者权益在每年3月15日晚共同主办并现场直播的大型公益晚会。每一届3·15晚会都在为维护消费者权益、规范市场经济秩序、完善法律法规而努力。

督促相关部门重拳出击。国内的知名企业也响应政府号召，从技术角度着手，走在了世界的前列。2019 年，国际权威知识产权媒体《世界商标评论》报道了阿里巴巴的成功经验，其最主要的思想就是依靠大数据预警：96% 的疑似侵权链接一上线即被锁定，在进一步甄别后直接推送给执法部门。这种基于技术的预判式解决方案，比起美国事后诉诸法律的解决办法，效率要高得多。

高效的能耗管理

据美国能源部的研究结果，由于美国电网效率低下而造成的电能损失高达总电能的67%。为了节省能源，美国得克萨斯州、丹麦、澳大利亚和意大利的公共事业公司便开始建设新型“智能电网”，以便对能源系统进行实时监测。此举不仅有助于其更迅速地修复供电故障，而且有助于更智慧地获取和分配电力。也许你会觉得这种做法和消费者没有直接的关系，那你就大错特错了。消费者也能够加强他们对能源消耗的掌控，每户最多可减少 25% 的能源花费。如图 4.22 所示，“智能电网”的建设大幅提高了资源利用效率和生产力水平，极大改善了人与自然的关系。

图 4.22　通过大数据进行能耗管理

美国爱荷华州的迪比克市以建设智慧城市为目标，计划利用物联网、人工智能和大数据技术将城市的所有资源（包括水、电、油、气、交通、公共服务等）整合起来，智能化地响应市民的需求并降低城市的能耗和成本。政府给所有住户和商铺安装智能水电计量器，同时搭建综合监测平台，使整个城市对资源的使用情况一目了然。更重要的是，迪比克市向个人和企业公布这些信息，使他们对自己的耗能有更清晰的认识，对可持续发展有更多的责任感。

无论是政府机关还是企事业单位，日常办公中的大部分活动都涉及文档处理，例如，阅读材料、撰写文档。在本书第 3 章已经介绍过，学者通过大数据技术已经完成了自然语言理解方面的突破。于是，人们就可以利用已经相对成熟的科技成果提升工作效率。例如，让计算机来阅读和分析法律文献，取代人工，进而节省高昂的律师费用。硅谷的黑石发现（Blackstone Discovery）公司发明了一种处理法律文件的智能软件，使得律师的工作效率可以提高 500 倍，而打官司的成本可以下降 99%。

如今美国很多媒体的财经新闻，尤其是对公司财报的评述，其实已经用计算机来产生了。假如某个跨国公司发布了某个季度的财报，计算机会先“读”一遍该公司财报的内容，然后提取出主要数据，包括该季度的收入、利润，与华尔街预期的数据对比，人员情况，市场份额，等等；然后计算机可以写一篇关于该公司业绩的新闻稿。当然，在发表之前还会经过一些人工的校订和审核，但这已经节省了大量的人工，明显提高了效率。

计算机写财经评论并不是像人一样，从语法到语义一步一步学起，而是根据以前很多报纸上多年累积的类似文章，训练出各类财经文章的模板，然后每次根据当前提取的实时数据，合成一篇文章。为了避免“生搬硬套”，还要用一种被称为语言模型的概率模型，将文字构造成通畅优美的句子，再用另一种语言模型将句子组合成段落。当然，这些模型也是从以往的数据中训练出来的。

第 5 章
挑战：威胁与机遇并存

我们的文明程度越高，我们的恐惧就越深，担心我们在文明过程中抛弃了在蛮荒时代属于美、属于生活之乐的东西。

——杰克·伦敦（美国现实主义作家）

必须以有机的生命世界观替代机械论的世界观，把现在给予机器和计算机的最高地位赋予人。

——刘易斯·芒福德（美国哲学家）

任何事物都具有两面性，在前沿科技领域尤其如此。一方面，大数据技术的发展和应用将身边的事物变得精细化、智能化和人性化，人们会有更强大的生产能力、更高效的市场格局、更完善的医疗措施，以及对人与自然更深入的认知。从这个角度看，这将是迄今为止人类文明史上最好的社会。但是另一方面，随着大数据和机器智能的不断普及，人们也会面临空前的挑战。一些在以往时期无足轻重的问题被无限放大，一些在过去社会闻所未闻的事情也纷纷涌现，这让人们忙于应付，甚至不知所措。

参照从核技术到生物工程学等领域的发展历程，可以发现：人类总是先创造出可能危害自身的工具，然后才着手建立保护自己、防范危险的安全机制。所以，科学家们都在提醒业界人士，不要让科技的发展超出人们可以控制的范围。包括大数据在内的任何科学技术上的重要概念或所谓真理，都不是放之四海而皆准的万能钥匙，它们都有自己的适用范围和潜在风险，一定要用全面的、辩证的眼光来看待。人类学家克利福德·吉尔兹在其著作《文化的解释》中曾给出了一个朴素而冷静的劝说："努力在可以应用、可以拓展的地方，应用它、拓展它；在不能应用、不能拓展的地方，就停下来。"

遗憾的是，历史已经反复证明，面对一个充满无限诱惑而各种因素又掺杂在一起的世界，人性其实缺乏免疫力和抵抗力，大众也缺乏判断力。当人们察觉一些问题的苗头时，大数据已经悄无声息地和这个社会融为一体，而且这一趋势不可逆转。无论如何，科学家们还是希望大家对它所带来的冲击有所准备。

5.1 当遗忘变成例外

所有人都经历过这种感觉：在路上碰到某个熟人，却无论如何也想不起来这个人的名字；在自动取款机前面，拼命回忆有一段时间没用过的银行卡密码；在停车场里四处徘徊，因为实在记不清到底把车停在了哪里。人们不喜欢总忘事，但是，遗忘却非常符合人类的特征，它是人类的思维进行工作的一部分。

人类很早就开始尝试用不同的方法加强记忆，例如，梳理知识之间的脉络，有条理地存入大脑中。同时，人们还把信息记录在各种类型的外部记忆设备中以防遗忘，例如，刻在石头上、写到纸上，存入磁带和胶片里。然而，千年以来，遗忘仍然比记忆更简单，成本也更低。所以对人类而言，遗忘一直是常态，记忆相对来说只是例外。

到如今，由于信息技术的迅速发展，以往固有的观念被颠覆了——遗忘已经变成了例外，而记忆却变成了常态。一方面，广泛的数字化和廉价的存储技术，让采集数据和保存信息不仅变得人人可以负担得起，而且比删除信息所消耗的时间成本更低。另一方面，简便的数据管理工具和覆盖全球的网络技术，让每个人都能够随时随地访问、共享、挖掘这些庞大的信息资源。用舍恩伯格的话来说，就是"这将导致整个世界被设置为记忆模式"！

"过去，是我们选择什么东西需要记录，才对它进行记录；在大数据时代，是选择什么东西不需要记录，才取消对它的记录。"

5.1.1 摆不脱的过往阴影

2006年春天，25岁的单身母亲史黛西·施奈德完成了她的学业，并且渴望着成为一名教师。但是她的梦想破碎了，她心仪的学校明确地告诉她，她被取消了当教师的资格。虽然她已经修满了所有的学分，通过了所有的考试，完成了所有的实习训练，而且在许多方面成绩优异。理由是，她的行为与一名教师不相称。根据是其MySpace[①]个人主页上的一张照片，照片里的她头戴一顶海盗帽子，举着塑料杯轻轻啜饮着。这张“喝醉的海盗”照片是施奈德给朋友看的，也许只是为了搞怪而已。然而，在她实习的那所大学里，一位过度热心的教师发现了这张照片，并上报给校方，校方认为网上的这张照片是不符合教师这个职业的，因为学生可能会因看到教师喝酒的照片而受到不良影响。

于是，施奈德打算将这张照片从她的个人网页上删除。但是危害已经发生了：她的个人网页已经被搜索引擎编录了，而且，她的照片已经被网络爬虫[②]存档了。互联网记住了施奈德想要忘记的东西。后来，施奈德控告了这所大学，但也没能最终胜诉。她认为，将那张照片放在网上并不能说明一名未来教师的不称职和不专业。毕竟，在那张照片中并没有显示塑料杯里装的究竟是什么东西。即便显示了，这位拥有两个孩子的单身母亲也早已达到了在私人聚会上喝酒的年龄。然而，这个案例与大学是否应该给施奈德教师资格无关，而是与某种更为重要的东西有关，那就是遗忘的重要性。

六十多岁的安德鲁·费尔德玛是一位生活在温哥华的心理咨询师。2006年的某一天，一位朋友从西雅图国际机场赶过来，费尔德玛打算穿过美国与加拿大的边境去接他，就像曾经上百次做过的那样。但是这一次，边境卫兵用互联网搜索引擎查询了一下他的信息。搜索结果中显示出了一篇费尔德玛在2001年为一本交叉学科杂志所写的文章，在文中他提到自己在20世纪60年代曾服用过致幻剂。因此，费尔德玛被扣留了4小时，其间被采了指纹，之后还签署了一份声明，内容是他在大约40年前曾服用过致幻剂，而且不准再

---

① MySpace.com成立于2003年9月，是目前全球第二大的社交网站。它为全球用户提供了一个集交友、个人信息分享、即时通信等多种功能于一体的互动平台。

② 网络爬虫（Web Crawler，又被称为网页蜘蛛、网络机器人），是一种按照一定的规则，自动地抓取万维网信息的程序或者脚本。

进入美国境内。

费尔德玛是一位没有犯罪记录、拥有学识的专业人员，他知道当年服用致幻剂确实违反了法律，但是他坚称自 1974 年以来就一直没再服用过。当边境卫兵拦下他时，这件事已经过去快 40 年了。对于费尔德玛而言，那是他生命中一段早已远去的时光，一个他认为已被社会遗忘了许久、与现在的他完全不相干的过错。但是，信息技术已经让社会丧失了遗忘的能力，取而代之的则是完善的记忆。

有人会说，施奈德的痛苦主要是她自己造成的。她将照片放在自己的网页上，并且加了一个引发歧义的标题。或许，她并没有意识到全世界都能找到她的网页，而且即使在她删除照片很久之后，仍有可能通过互联网档案访问她的照片。作为互联网时代的一员，她也许应该更谨慎地考虑一下，哪些内容可以在互联网上公开。不过，费尔德玛的遭遇却与她不同。年近 70 的他可不是十几岁的互联网发烧友，而且可能从来没预料到，他在那样一本晦涩杂志上发表的文章，居然能在全球化的网络上如此容易地被找到。对他而言，成为数字化记忆的受害者完全是一个可怕的突然袭击。

住进“数字圆形监狱”

英国哲学家杰里米·边沁[①]提出了“圆形监狱”的概念。在这种监狱中，狱警能够在犯人不知道自己是否被监视的情况下监视犯人。边沁认为，这种监狱结构将能迫使犯人好好表现，而且这种方法使得社会付出的代价最小。因此，这是一种“新的监视模式，其信息权利之大前所未有”。后来，通信理论家奥斯卡·甘迪将圆形监狱与当时日益明显的、向大规模监视发展的趋势联系在一起。这种圆形监狱塑造了人们现在的行为：每个人像被人监视时一样行动，即使并没有人监视他。

完整的数字化记忆代表了一种更为严酷的数字圆形监狱。由于人们所说与所做的许多事情都被存储在数字化记忆中，并且可以通过存储器进行访问，因此，人们的言行可能不仅会被同时代的其他人评判，而且还会受到所有未来人的评判。施奈德与费尔德玛的惨

① 杰里米·边沁（Jeremy Bentham，1748 年 2 月 15 日—1832 年 6 月 6 日）是英国的法理学家、功利主义哲学家、经济学家和社会改革者。

痛经历让人们变得极度警惕——换言之，未来可能遭遇到的悲剧会对人们现在的行为产生“寒蝉效应”。通过数字化记忆，圆形监狱能够随时随地监视人们。

但是，即便施奈德与费尔德玛能预见这个结果，难道这就意味着每个公开自己信息的人只能永远对信息束手无策吗？关于互联网是否会遗忘以及何时遗忘，难道人们没有一点发言权吗？人们真的想要一个由于无法遗忘，而永远不懂得宽恕的未来吗？施奈德与费尔德玛表示，今后将会以完全不同的方式谨慎行事。“当心你发布在网上的信息”，施奈德说。而费尔德玛则感叹：“我要警告所有人，你留在网络上的电子足迹将在某一天对你造成伤害。那是无法被擦除的。”

5.1.2 难把握的适度健忘

完美记忆者“AJ”

“我能记住发生在自己身上的每件事情：在我经历过的任何一天里，我记得那天在世界上都发生了什么事情，当时都有些什么人在我的生活中……我甚至能记住那一天的天气怎么样。”这是一位出生于20世纪60年代的妇女，后来她成为美国加州大学尔湾分校神经科学家的研究对象。她的名字一直被严格保密，人们只知道这名特殊的妇女在研究中的代号叫“AJ”。尔湾分校的研究人员称，“AJ”是他们迄今为止发现的第一个不用记忆技巧，而拥有近乎完美记忆力的人。

1978年，只有12岁的“AJ”第一次发现自己拥有不同寻常的记性。只要是曾经发生在她身边的事情，“AJ”都能记得非常清楚。例如，某一天是星期几，当时世界上发生了什么新闻，在她的生活中当时都有些什么人，而且她也能把那天的天气记得非常清楚。“AJ”说：“我对天气特别敏感，所以我总能记得当时的天气。如果你告诉我你结婚的日子，或是你孩子的出生日期，只要是在过去30年里的，我都能告诉你当时的情况。”记忆对她而言很简单——她的记忆是“不可控且自动的”，就像一部“永远不会停止的”电影。

按照常人的理解，超常的记忆多么厉害啊，应该可以带给“AJ”更好的工作或生活能力。事实恰恰相反，持续复现的往事让她感觉受到了束缚，这种束缚带来的后果很严重，不仅约束了她的日常生活，限制了她的决策能力，还阻碍了她与正常人建立紧密的联系。

为了形象地展示这一后果，这里假想一个这样的场景：有一天晚上小红在家，收到了朋友小明发来的一条微信。作为发小，他们有着20多年的友谊，但是这两年，各自组建家庭有了孩子后只碰面过几次。她仍然记得几个月前最近一次见面的愉快交谈。

现在，小明说他明天要去小红单位附近办事，问她下班后有没有空一起吃饭。小红很高兴，打算尽地主之谊招待好小明，就去前年和小明一起聚餐的那个环境优雅又饭菜可口的餐馆。虽然她一时想不起餐馆的名字和地点了，但由于自己爱记日记、保留着以前所有的电子邮件、短信和微信记录，所以数据比较完备，应该可以找到。

于是，小红搜索她和小明的各种通信记录，希望找到那家餐馆的信息。现在的数据保存和查找技术确实不错，博客、邮件、短信、微信按照日期整齐排列，前后几乎跨越了十年，勾起了她无限的回忆：他们一起组织同学们去郊外游玩、去毕业旅行，刚工作的时候下班一起去K歌蹦迪、深夜撸串……随后，她偶然发现了一封邮件，内容是自己对这位老友严厉的批评指责，后续几封邮件是小明愤怒的回复。此事发生后的一年，他们相互不再来往，再后来即使偶尔有微信联系，也是因为同学或者朋友的事情，态度客气而又冷漠。小红对照着时间来看日记内容，心情久久无法平复。虽然无法明白当时怎么闹得这么僵，最后又是如何结束争执的，但对小明的印象已经大打折扣——两人的友谊真的是那么牢固吗？

按照正常的记忆工作方式，随着时间的推移，小红会逐渐忘记那些令人不快的往事，只记得一起度过的愉快时光。但先进的信息工具和完善的数据记录又让她看到了多年前的琐事。正是这些外部刺激，帮她重新激活了原已淡忘的负面记忆。虽然理性让小红决定忽略这些陈旧的争吵，到时依然去见小明。但是，她真的能完全换一种心情跟小明交往，而没有一点尴尬吗？就在1小时前，她还会毫不犹豫地说“我们的友谊多么美好和长久”，但是现在，她不再那么确定了。

其实，这个虚构的故事和前面“AJ”的真实事例有着异曲同工之处，都是在提醒大家：如果回忆太清晰，即便这种回忆是为了帮助人们做决策，也可能会使他们困于记忆之中，无法让往事消逝。

还是以小红为例，在阅读那些过去的博客、邮件、短信、微信之前，她将小明视为老友。她心中早已忘记了过去所发生的冲突，因为那些记忆已经不再重要了，已经被后来更多和谐的事实取代了。抓住主要矛盾，不去在意那些细节，这种遗忘机制使得小红更有幸福感和决策能力。但完善的数据记录将过去都带了回来，使得小红在做决定时变得很矛盾，失去了应有的果断，并陷入可能做出错误选择的困境。

遗忘在人类决策过程中扮演了重要的角色，它使得人类能够把握现在，面向未来，却又不受往事的束缚。有人说过“健忘也是一种幸福”，人们只有忘记了朋友间的磕磕碰碰，才能精诚合作、把酒言欢；只有忘记了和爱人的激烈争吵，才能永结同心、白头偕老；只有忘记了亲戚们的家长里短，才能欢聚一堂、共享天伦。

没有了某种形式的遗忘，原谅则成为一件非常困难的事情，无论是原谅别人还是原谅自己。先进的信息系统和数据存储技术让每一个普通人都可能变成一个“AJ”那样的完美记忆者——忘不掉那些不好的事情以及每一次糟糕的选择，把人们拴在过去的行为上，让他们无法从中逃脱。

5.2 无处安放的隐私

为什么要保护隐私？对这个问题的回答是仁者见仁，智者见智，但通常大家有一点看法是一致的，那就是赤裸裸地生活在众人的目光下不舒服。每一个人都不是完人，都或多或少有些并非十分光彩的一面，那一面如果被熟人知道，甚至搞得人尽皆知，对生活会有很坏的影响。例如，网络暴力事件里的那些主角，受到的负面影响是伴随一生的。

隐私权概念的产生

1890 年的一个夏夜，美国波士顿市社会名流华伦夫人在家中举行了一场盛大的社交宴会。次日早上，当她从甜蜜、满足的酣睡中醒来后，却在波士顿当地的《星期六晚报》上看到她在宴会上一些让人尴尬的细节。愤怒者的行动是历史性的，她的丈夫——毕业于哈佛大学法学院的波士顿报业巨子塞缪尔·沃伦，与自己的同学——日后成为美国联邦最高法院大法官的路易斯·布兰代斯，共同撰写了《隐私权》（"Right to Privacy"）一文，并发表于1890年12月出刊的《哈佛法学评论》上，这是隐私权概念在人类社会发展中的首次出现。

5.2.1 全息可见的困境

上一节的例子中，施奈德与费尔德玛自愿地公开关于他们遭遇的信息。从严格意义上来讲，他们也需要为这种公开的后果承担责任。然而，人们往往在公开自己的信息时，并没有真正意识到他们正在"公开"自己的信息。

2012年，《纽约时报》科技专栏作家尼克·比尔顿出于好奇，进行了一次网络上的"陌生人的搜索之旅"。比尔顿说："我大概花了10分钟，就知道了她是谁、在哪工作、住在什么地方，我只是通过她的照片，对照她在其他网站上的用户名和照片，就很精确地了解了她。"仅仅十分钟，比尔顿收集到一个陌生人的丰富信息，甚至通过她正使用的一个手机软件，查看到她晨跑的路线图。"那一刻，我推开了计算机。当我打开这些网页，突然觉得非常可怕，这个人我从来就不认识，我却知道她的这些私人信息。"

事实上，比尔顿的恐惧已属于全社会，今天你独处时在互联网上所做的每一次点击，甚至每一次删除，都被网络原封不动地记录下来，而且存放在人们无法探知的某个服务器角落里。无一遗漏、分毫不差。在被称为"大数据"的网络时代的收集和存储能力面前，未来的每一个人都无所遁形。

虽然新闻里种种"人肉搜索"的报道给人们敲响了警钟，谷歌等互联网公司也庄严承诺了不再永久保存用户记录①。但是，"在发布信息时更加谨慎一些""尽可能远离那些向他人透露个人信息的互动""让数据使用者承担责任"这些防范措施和法律政策，究竟能起

① 目前通用的做法，是在保存一段时间（例如9个月）之后将记录匿名化，因此便模糊了一部分信息。

到多大的作用？目前看来，效果甚微。这是因为大数据具有多维度和全面的特点，它可以从很多看似支离破碎的信息中完全复原一个人或者一个组织的全貌，并且了解到这个人生活的细节或者组织内部的各种信息。

英国剑桥大学的研究者已经表示，他们能通过网络上的丰富数据，预测一个人的性取向，判断一个人的父母是否曾经离过婚。美国东北大学跟踪研究了 10 万名欧洲的手机用户，分析了 1600 万条通话记录和网络信息，他们得出的结论是：预测一个人在未来某时刻的地点位置准确率可达 93.6%。在塔吉特公司预测孕期的案例（见 3.3.1 节）中，那个高中女生不仅没有主动发布自己的信息，而且一直刻意对外隐瞒自己的状况。但在购物数据的相关性分析下，事实依然被推断出来，她的隐私还是被泄露了。

真相难以掩盖

如果把各种不同来源、不同形式的数据看成事物的不同维度，那么这些维度之间就很有可能出现比较密切的关联。你可以删除任何一个或几个维度，但是你很难删除所有维度的数据，更何况这些数据会衍生出其他信息。于是一个词就出现了，叫“交叉复现”，也就是通过信息的交叉形成对事物的判断。

有一个著名的段子，说一个男人趁着去广州出差的机会，顺便绕道去了一趟上海，与自己的朋友约会。回家前，他删除了跟朋友相关的所有记录，包括通话、短信、微信以及 QQ。但还是被老婆发现了，因为他手机上的一条短信——上海移动欢迎你。所以，你删除的往往只是一个单维信息，过往行为产生的其他多维信息仍然在出卖你。何况就算中国移动不发短信，你在上海约朋友吃了一顿饭，刷了卡，信用卡会有记录。如果你再有租车记录，那就更无法解释了。在大数据时代，人人都可以像神探福尔摩斯一样——死者不说话、罪犯不开口，这都没关系，通过各种蛛丝马迹依然可以推断出背后的真相。

当然，很多人抱着侥幸的心理，认为网上有那么多用户数据，怎么可能正好挑中他们呢？事实上，这不需要人工操作，计算机会自动完成所有人的挖掘任务，而且做得非常智能。还有一些人会觉得无所谓，他们既不做什么坏事，也不担心行踪被暴露，更不是什么怕大家

关注的名人。就算一些公司利用大数据技术得知了他们的隐私，也损害不了他们的利益。这种想法实际上是大错特错的，且不说每年“3·15晚会”上曝光的很多经济问题都是和侵犯个人隐私有关，下面的例子也能让你体会到什么叫“只有想不到的，没有做不到的”。

在某大型电子商务网站的用户群中，一些人总是买到假货，而另外一些人却可以以同样价格买到真货。这并不是因为前者比后者运气差，而是商家收集了大量与消费者相关的数据，进而抽象出一个用户的信息全貌，得到所谓的“用户画像”（如图5.1所示）。在此基础上，通过大数据技术对用户的行为习惯进行精准预测。所以，当商家清楚了前者是买了假货也不会吭声的软柿子，后者是睚眦必报的刺头时，为了获取更多的利益，他们就采取了此类“看人下菜碟”的、欺软怕硬的销售行为。在利用大数据方面，个人用户相比商家永远是弱势群体，一旦他们的秘密（隐私）被商家知道，他们的利益就难免受到伤害。

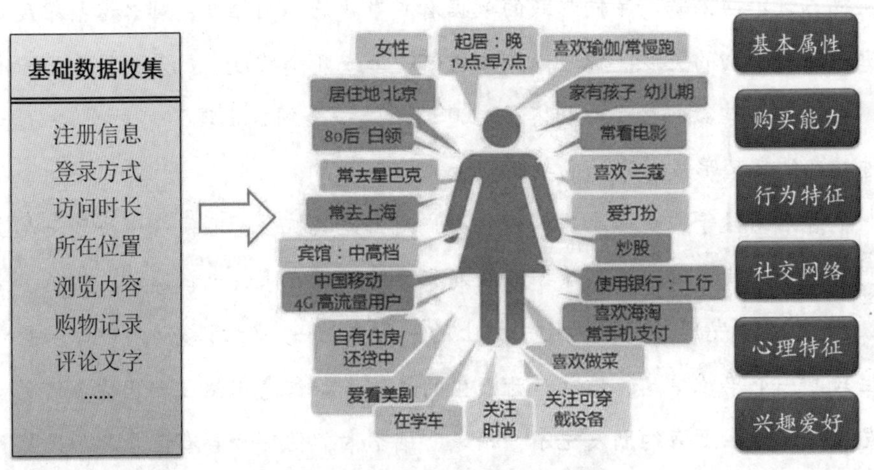

图5.1 大数据背景下的“用户画像”

美国很多航空公司也在通过大数据分析用户的行为习惯，利用个人隐私大发其财。当航空公司发现某个航班的潜在购票者最近必须旅行，而且在过去对票价不是很敏感时，它给出的报价就会比给其他人的高很多。尤其当两个城市间仅此一家航空公司有直飞的航班时，价格上的差异就更明显。这些航空公司甚至出钱聘请了美国的一些著名大学帮助它们研究这样的技术。据某个技术团队介绍，基于用户的行为预测可以让航空公司提高10%

的销售额，这对净利润只有0.2%的航空业来说，是一笔巨大的财富。而对于受伤害的那部分乘客来说，实际上可能要多付出一半以上的票价。

5.2.2 有效保护的尝试

大数据的多维度和全面性让人们陷入了“全息可见”的困境，这显然不是简简单单地屏蔽掉一些个人信息所能解决的。“解铃还须系铃人”，技术带来的麻烦，还需要通过技术的发展来解决。所以，保护个人隐私的需求呼唤新技术的出现。

目前已经被广泛应用的技术是从信息收集的开始就对数据进行一些预处理。经过处理后的数据保留了原来的主要特性，使得数据科学家和数据工程师能够处理数据，却“读不懂”数据的内容，例如匿名化①、扰动与泛化、差分隐私保护等。这样至少能防止个人窃取和泄露隐私，而且有利于数据的共享。

交通预测中的隐私保护

交通预测是一个很有发展前景的领域。像谷歌这种有实力的公司可以将众多的数据来源整合起来，从而更好地预测出行时间，同时也不断更新实时数据，帮助人们避免拥堵或事故。而且政府职能部门也可以使用交通数据进行城市规划，并且在发生突发事件时更快地疏散民众。

为了判断道路交通状况，谷歌公司除了使用车辆本身的数据外，还从使用谷歌地图的智能手机上获取定位和速度数据。在这一过程中，谷歌考虑了用户的隐私问题，它们以匿名的方式采集信息，并且需要用户同意才能上传用户数据至谷歌的服务器。此外，当多人从同一区域发送数据报告时，谷歌会将这些数据混合起来，从而很难去区分不同手机的上传内容。最重要的是，每一段行程的起点和终点数据会被永久性抹掉，即使是谷歌员工也无法获知相关信息。而手机用户既可以允许谷歌地图自动上传数据，也可以通过禁止定位服务来停止上传数据。

① 匿名化指的是让所有能揭示个人情况的信息都不出现在数据集里，例如名字、生日、住址、信用卡号等。

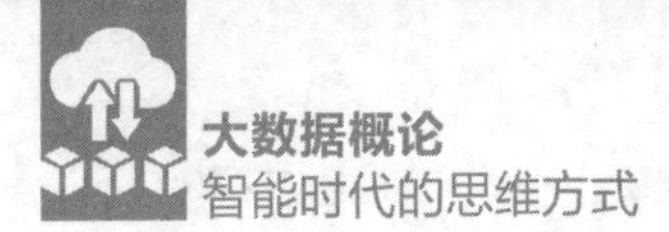

对那些拥有庞大数据和先进技术的大公司来说，通过数据的预处理来保护个人隐私基本上是无效的。早在大数据广泛应用之前，美国隐私研究委员会就一针见血地指出了："我们有很多小的、独立的信息记录系统。这些系统，就单个而言，它们可能无关痛痒，甚至是很有用的、完全合理的。但一旦把它们通过自动化的技术整合连接起来，它们就会渐渐蚕食我们的个人自由。这才是真正的危险。"

所以，最近学术界又提出了另外一个新颖的技术——双向监视。简单地说，就是当使用者看计算机时，计算机也在盯着使用者看。大部分人喜欢偷窥别人隐私的一个原因是，这种行为是没有任何成本的。但是，如果有人在刺探别人隐私时，他的行为本身暴露了，那么他就会或多或少地约束自己的行为。这就好比一个偷窥者悄悄推开门缝往里面窥视，如果发现里面有双眼睛正在看着他，那么他的反应往往是马上关门。正如制约权力最好的办法是使用权力，保护隐私最好的办法或许是让侵犯隐私的人必须以自己的隐私来做交换。

总结以上两种技术的特点，可以看出，为了在享有大数据好处的同时尽可能地保护隐私，数据从采集到使用都需要是双向知情的。也就是说，不只是数据的产生者暴露在大庭广众之下，数据的采集者和使用者（偷窥者也是一种特殊的数据使用者）也应该同样被监督，或许这样才是最有效的保护隐私的方式。

5.3 被出让的决策权

人类有两种基本能力：身体能力和认知能力。自进入文明时代起，人类就一直在思考如何用工具来节省自身体力或者获取更强大的力量，于是越来越多的机器被发明了出来。但这些机器大多需要人来亲身操作，只是起到了对身体能力的放大作用，即使利用牲畜力、水力和风力的机器也不例外。

两次工业革命之后，蒸汽和电力先后被大规模地应用于生产实践，人类社会开始了从手工劳动向动力机器生产的转变。这时候的机器不仅力量更加强大，而且可以执行预先设定好的流程（程序）自动化生产，无须人类的实时操控。科技发展到这一阶段，人们还可以说机器与人类的竞争仅限于身体能力，人类还有数不尽的认知任务可以做得比机器更好。一旦某个基于纯体力的旧职业被机器所淘汰，就会有更多利用认知能力的新职业出现。世上没有无用之人，就看如何发掘其潜力。

然而，事情远没有这么乐观。随着大数据和机器学习的不断发展，机器在认知能力上也很可能会赶上甚至超越人类，学术界称之为“强人工智能”。虽然不少科学家认为真正实现“强人工智能”仍是一件遥遥无期的事情，但还是有很多人预言在21世纪就可以看到这方面的突破。

5.3.1 数据主义的危局

在以往的观念中，高度的智能与发达的意识似乎是合二为一的。也就是说，必须是有意识的个体才能执行需要高度智能化的任务，例如下棋、开车、诊疗或者辨认出犯罪分子。在科幻作品中，通常也认为计算机必须发展出意识，才能在认知领域对人类构成威胁，例如《终结者》《人工智能》《机械公敌》《机械姬》等影片。但在科学界却有另一种看法，并在实践中一再证实：智能是必要的，但意识可有可无！

举例来说，人类棋手可以体验到竞争的开心和兴奋，也能感悟到博弈之美，无意识的计算机显然没有这些感受，但这不妨碍“深蓝”战胜卡斯帕罗夫，也不能阻止AlphaGo打败李世石和柯洁；有血肉之躯的出租车司机可以体验到工作的辛酸和喜悦，也能感悟到劳动之美，无意识的计算机显然没有这些感受，但这不妨碍无人驾驶技术可以把人从任意出发点运送到目的地，而且更快、更安全、成本更低；白衣天使们可以体验到救死扶伤的崇高，也能感悟到生命之美，无意识的计算机显然没有这些感受，但这不妨碍“沃森”这样的专家系统可以掌握所有已知疾病和药物信息，并进行更加精准的诊断和治疗。

这就是大数据给人们带来的惊喜：就像人类可以从以往的经验（大量的数据）中学习各种技能一样，计算机算法也可以从大量的数据中挖掘出一些模式（例如相关关系），进而做出决策。随着时间的慢慢推移，数据的规模和种类不断增加，算法自己也会持续改进，决策的质量也会越来越高。

沿着这个思路继续想下去：一旦计算机算法比人类本人更了解自己，决策能力也超过了人类之后，就很有可能进一步演化为人类的代理人，最后成为人类的主人。尤瓦尔·赫拉利[①]在《未来简史：从智人到智神》一书中对这种数据主义的价值观表示了深深的忧虑。

从顾问到主人

许多人喜欢用百度地图或高德地图这些导航系统，因为它们绝不只是一些简单的地理信息，而是数以万计的用户提供的实时数据。所以，导航系统知道如何避开繁忙路段，如何减少等待红绿灯的时间，如何规划距离最短的路径。乍一看，导航就像顾问一样。你问问题，它给你答复，但最后怎么做还是由你决定。然而，一旦导航赢得你的信任，下一个步骤就是让它成为你的代理。你逐渐懒于自行思考，直接把决策权交给了导航，然后就按照它的提示驾驶汽车。

最后，导航系统可能僭越为主人。它手中握有大权，认知又超过了人们，就可以操纵每一个驾车人。例如，某天一条道路大堵车，而另一条备选公路车流相对顺畅。如果导航系统让大家都知道备选公路顺畅，所有驾车人就会一窝蜂开过去，最后又堵在一起。所以，这款大家都信任的导航系统就开始为大局着想了：它可能只告诉一半人备选公路顺畅，而不透露给另一半。

数据主义认为：宇宙由数据流组成，任何现象或实体的价值就在于对数据处理的贡献。在数据处理能力方面，人类的进步速度无法和计算机相比。人类需要几代人的努力才可能改变一点，而计算机是追随着摩尔定律的步调——每一到两年就提升一倍。

也许在不久的将来，人类的更多用处就体现在提供数据方面：一是进行价值的判断。毕竟机器要为人类服务，遵从人类的意愿。而人的喜好是很难用机械化方法琢磨的东西。例如，很多公司都在通过数据分析预测哪些影视剧能大卖，成功的例子固然也有，但大部分都是失败的。二是分享自己的体验。你的任何感情流露，哪怕是一条微博、一次点赞，

① 尤瓦尔·赫拉利，耶路撒冷希伯来大学历史系教授，全球瞩目的新锐历史学家，第十届文津图书奖得主。关注的领域横跨历史学、人类学、生态学、基因学等。

都提供了新的数据，都对整个世界的信息交换做出了贡献。大数据时代的新座右铭是：“如果你体验到了什么，就记录下来。如果你记录下了什么，就上传。如果你上传了什么，就分享”。

5.3.2 打破常规的能力

按照数据主义的观点，人类的地位很有可能面临降级：一方面作为过时的“数据处理器”把主动权交给机器，另一方面则沦为数据的提供者坐享其成。这样的前景总会让人感觉有些悲惨和恐惧。还好，天无绝人之路，历史经验证明人类总能“从绝望的大山中砍下一块希望的石头①”。这块“希望的石头”很可能就是人类的一种能力——创新。

机器的能耐就是从数据中发现模式，从已经发生的事情中寻找规律，然后把这些模式或规律用于处理新的事情上。可以说，机器是彻底的经验主义者。举个假想中的例子，来看看人与机器的区别。

一个生活在明代中后期的社会环境下且家境一般的人问计算机（假设当时有计算机的话）：“我这辈子不想干别的，就想四处游玩，你觉得怎么样？”计算机会回答：“这个嘛，我从你出生那天起就开始收集关于你的全部数据了，而且我还拥有这一时期大多数人的各种数据。通过大数据分析后预测，以你的资质，如果参加科举考试的话，有62%的成功率，之后有33%的可能性升为高官；如果从商赚钱的话，有51%的成功率，之后有26%的可能性成为富豪；如果经营田地的话，有74%的成功率，之后有50%的可能性成为乡绅……但是，如果你四处游玩的话，有64%的可能性遇到强盗，命悬一线；有70%的可能性感染疾病，缺医少药；有86%的可能性找不到资助，挨饿受冻；有98%的可能性得不到承认，默默无闻……”

换做普通人，估计就听从计算机的建议，认真考试、经商或务农，做有把握的事情，尽量符合时代的世俗规则和历史趋势。但是这个人却打破常规，就要按照自己的想法过活。于是，他独自一人游历天下二十余年，几经生死，留下了一本笔记。这本笔记记录了

① 美国社会活动家、民权运动领袖马丁·路德·金（Martin Luther King, Jr.）的演讲词《我有一个梦想》（*I have a dream*）中有这样一句话：“We will hew out of the mountain of despair a stone of hope（我们从绝望的大山中砍下一块希望的石头）”。

当时中国各个地方的地理、水文、地质、植物等情况，被誉为17世纪最伟大的地理学著作，先后被翻译成几十国语言，流传世界。这个不听经验之谈、不按常理出牌的人叫徐霞客。

也可以说，机器的预测是相信大概率的事件，忽略小概率的事件，四个字总结就是“大势所趋”。如果你不幸出生于一个贫困的单亲家庭，机器对你不会有太多期望。因为对数据进行统计分析发现：大部分人的成就都没有超越自己父母的阶层；父母任何一方的缺失都会导致孩子缺乏监管，孩子有很大的可能性养成不良习惯；单亲家庭孩子的自控能力和责任心要更弱一些。所以，作为一个普普通通的人，你的命运似乎早已注定——你会按照最大的可能性去做，完成所有基于数据分析的预测，就像一个执行程序的机器。

但是，总有一些人拒绝按照这个剧本走，他们的人生没有被限制住。就像我国的孔子、孟子、岳飞、欧阳修，国外的耶稣、牛顿、安徒生、卓别林，以及美国历史上第一位非裔总统奥巴马……就像万维钢[①]在其博文中所写的那样：

所谓英雄，就是超越了阶层出身、超越了周围环境、超越了性格局限，拒绝按照任何设定好的程序行事，不能被大数据预测，能给世界带来惊喜，最不像机器人的人。

英雄不问出处，英雄“知其不可而为之”，英雄的出现就是为了改变世界。苹果公司的创始人乔布斯[②]第一次开公司要卖电路板时，合伙人沃兹尼亚克表示反对，因为他根据市场分析合理地判断根本没有多少人会买，公司不可能赚钱。但乔布斯说：“好，就算赔钱也要办公司。在我们一生中，这是难得的创立公司的机会。”正是这次冒险积累了经验，才会有苹果公司后来的成功。到了2005年前后，苹果公司打算要做手机产品时，大家都认为最好的手机就应该像当时的诺基亚和黑莓一样，市场调研也证实了顾客们对诺基亚和黑莓比较满意。但乔布斯却不赞成一味迎合消费者，他认为应该打破常规，引导人们去尝试新的东西，“谁说手机就得是那个样子，未来的手机就更应该像计算机”。于是，iPhone出现了。

① 万维钢，笔名同人于野。1999年毕业于中国科学技术大学，曾为美国科罗拉多大学物理系研究员，是“学而时嘻之”博主。博文介绍为“用理工科思维理解世界”，喜欢科学和政治，作品以理性思维见长。

② 乔布斯也算出身于贫困的单亲家庭，1955年乔布斯的生母乔安娜未婚先孕，迫于舆论压力将他送给在激光仪器厂里当工人的保罗•乔布斯和妻子克拉拉。

根据信息论的描述，信息就是意外。如果你想评价一段话里有多少信息，其实就是看这段话给你带来了多少意外。如果一切都是套话、废话和你已经知道的事情，这段话的信息量就是0。在历史的进程中，英雄们的事迹同样是意外，他们做了一些普通人没有想到的事情，或是根据自己的努力改变了事情原本的趋势，有所创新。可以说，英雄们贡献了新的信息，世界因此而不同，历史的车轮才不断前进。

当然，普通人也不只是旁观者而已，毕竟英雄就孕育在千千万万个普通人之中，每个人都有可能成为英雄。在信息时代，努力成为有见识、有勇气、能创新的英雄，这大概就是人类胜过机器智能、打破数据主义困局的根本所在。

参 考 文 献

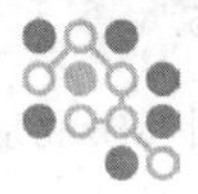

[1] 涂子沛 . 数商 [M]. 北京：中信出版社，2020.

[2] 涂子沛 . 数据之巅：大数据革命，历史、现实与未来 [M]. 北京：中信出版社，2014.

[3] 吴军 . 文明之光：第二册 [M]. 北京：人民邮电出版社，2014.

[4] 黄仁宇 . 中国大历史 [M]. 北京：生活 • 读书 • 新知三联书店，2014.

[5] 涂子沛 . 大数据：正在到来的数据革命 [M]. 桂林：广西师范大学出版社，2013.

[6] 黄仁宇 . 万历十五年（增订纪念本）[M]. 北京：中华书局，2006.

[7] 刘云浩 . 物联网导论 [M]. 3 版 . 北京：科学出版社，2017.

[8] 吕云翔，李沛伦 . IT 简史 [M]. 北京：清华大学出版社，2016.

[9] 物联网智库 . 物联网：未来已来 [M]. 北京：机械工业出版社，2015.

[10] 涂子沛 . 数文明 [M]. 北京：中信出版社，2018.

[11] 维克托 • 迈尔 - 舍恩伯格，肯尼思 • 库克耶 . 大数据时代 [M]. 盛扬燕，周涛，译 . 杭州：浙江人民出版社，2013.

[12] 吴军 . 浪潮之巅：上册 [M]. 3 版 . 北京：人民邮电出版社，2016.

[13] 吴军 . 数学之美 [M]. 3 版 . 北京：人民邮电出版社，2020.

[14] 刘强 . 大数据时代的统计学思维 [M]. 北京：中国水利水电出版社，2018.

[15] 麦格劳 • 希尔编写组 . 妙趣横生的心理学 [M]. 王芳，译 . 2 版 . 北京：人民邮电出版社，2015.

[16] 吴军 . 智能时代：5G、IoT 构建超级智能新机遇 [M]. 北京：中信出版社，2020.

[17] 维克托·迈尔 - 舍恩伯格，托马斯·拉姆什 . 数据资本时代 [M]. 李晓霞，周涛，译 . 北京：中信出版社，2018.

[18] 维克托·迈尔 - 舍恩伯格，肯尼思·库克耶 . 与大数据同行：学习和教育的未来 [M]. 赵中建，张燕南，译 . 上海：华东师范大学出版社，2015.

[19] 涂子沛，郑磊 . 善数者成：大数据改变中国 [M]. 北京：人民邮电出版社，2019.

[20] 刘云浩 . 从互联到新工业革命 [M]. 北京：清华大学出版社，2017.

[21] 维克托·迈尔 - 舍恩伯格 . 删除：大数据取舍之道 [M]. 袁杰，译 . 杭州：浙江人民出版社，2013.

[22] 尤瓦尔·赫拉利 . 未来简史：从智人到智神 [M]. 林俊宏，译 . 北京：中信出版社，2017.

[23]《互联网时代》主创团队 . 互联网时代 [M]. 北京：北京联合出版公司，2015.

[24] 万维钢 . 智识分子：做个复杂的现代人 [M]. 北京：电子工业出版社，2016.